최소한의 학부모 문해력

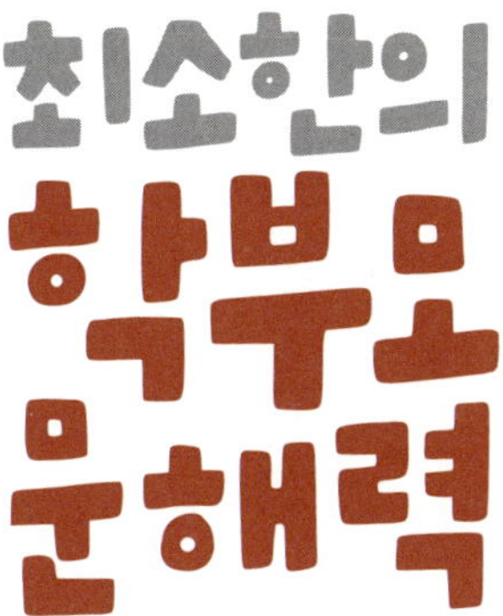

아이의 하루를 이해하고 마음을 읽는 학부모 문해력

아이가 막 태어나 품에 안기던 따뜻한 느낌은 쉽게 잊히지 않습니다. 오물오물 이유식을 먹던 순간, 아슬아슬하게 첫걸음을 떼던 날, 처음 어린이집에 가며 엄마 품에 안겨 울던 날, 작은 손으로 연필을 쥐고 삐뚤빼뚤 자기 이름을 써 내려가던 순간까지, 부모는 그 모든 장면을 선명하게 기억합니다.

그런 아이가 이제 초등학교에 입학합니다. 책가방을 메고 교문을 들어서는 아이의 뒷모습을 바라보며, 부모는 뿌듯함과 함께 두려움도 느낍니다. 이제 초·중·고 12년의 긴 여정이 시작되고, 부모에게는 '학부모'라는 새로운 이름표가 붙습니다. 학부모가 된다는 것은 단순히 아이를 학교에 보내는 일이 아니라, 아이가 학교라는 낯선 사회에서 안정적으로 적응하도록 돕는 책임을 의미합니다.

부모로서 가장 어려운 순간은 아무것도 할 수 없다고 느낄 때입니다. 아이가 친구 관계로 힘들어하거나 공부 때문에 좌절할 때, 혹은 담임 교사와의 소통이 막혀 답답할 때, 부모는 "내가 무엇을 해 줄 수 있을까?"라는 질문을 던집니다. 아이에게 도움이 된다면 무엇이든 하고 싶은 마음이 간절해집니다.

이 책은 바로 그 마음에서 출발했습니다.

학교에 들어가면 아이는 새로운 언어와 시스템을 마주합니다. 이는 아이뿐 아니라 부모에게도 낯선 영역입니다. 각종 용어, 앱 설치 요청, 가정통신문, 상담 신청, 교육 정책 안내가 쉼 없이 이어집니다.

더불어 AI, 디지털 교과서, 온라인 플랫폼 등 학습 환경이 빠르게 변화하면서 부모의 대응력은 더욱 중요해졌습니다.

이 과정에서 많은 학부모가 저에게 질문을 던졌습니다. 당연히 알고 있을 것이라 생각했던 것들이 실제로는 낯설고 어렵다는 사실을 깨달았습니다.

'학부모 문해력'은 단순히 정보를 아는 수준을 넘어섭니다. 부모의 말 한마디가 아이의 마음을 지탱하기도 하고, 부모의 태도가 담임 교사와의 관계를 풀어내는 열쇠가 되기도 합니다. 아이가 집에 와서 "엄마, 나 오늘 힘들었어"라고 말할 때 어떻게 반응하느냐, 선생님께 상담을 신청할 때 어떤 표현을 쓰느냐, 새로운 교육 정책에 어떻게 대비하느냐, 이 모든 것이 학부모의 '언어 문해력'이자 '정서 문해력'입니다.

이 책은 크게 세 부분으로 구성됩니다.

1부에서는 아이의 학교생활에서 직접적으로 필요한 문해력을 학사 일정에 따라 정리했습니다.

2부에서는 학습 문해력을 중심으로 초등학교 공부의 특성을 발달 단계에 맞춰 살펴보고, 학년별·과목별 학습의 큰 그림을 그립니다. 또한 초·중·고로 이어지는 학습 과정에서 변화하는 교육 정책을 분석하며, 학부모로서 넓고 깊게 바라보는 메타인지를 기릅니다.

　3부에서는 '무엇을 공부할 것인가'를 넘어 '어떻게 공부할 것인가'를 다룹니다. 오늘날 학습은 단순한 지식 습득을 넘어 정서적 안정까지 고려해야 합니다. 친구 관계에서 아이의 정서를 지켜주는 방법 또한 중요한 과제입니다. 이에 학부모로서 필요한 '정서 문해력'을 담았습니다.

　이 책은 만능 부모가 되라는 요구가 아닙니다. 다만 학교에서 사용하는 낯선 어휘와 제도를 이해하고, 아이와 소통하는 법, 교사와 협력하는 법을 조금씩 익혀간다면 아이의 학교생활은 한결 수월해질 것입니다. 학습의 큰 흐름을 파악하면 불안도 줄어듭니다.

　아이의 정서를 지켜주기 위해 어떤 말을 할지, 어떻게 관계를 이어갈지 아는 것은 매우 중요합니다. 이를 통해 아이가 자신을 지키는 힘을 기르고, 부모와 아이는 더 깊고 단단한 관계를 형성할 수 있습니다.

　이 책은 아이와 학교를 함께 살아가는 부모에게 작지만 확실한 힘이 되어줄 것입니다.

이서윤

1장 학습 정서 문해력

1부

학교생활 문해력

밖에서 본 학교는 참으로 평화롭지만 학사 일정은 바쁘게 돌아갑니다. 3월부터 시작하는 신학기, 학부모 총회, 임원 선거, 학부모 공개 수업, 학부모 상담, 7월 말에 시작하는 여름방학, 종종 담임 선생님과 연락하기까지. 학생들뿐 아니라 학부모들도 학사 일정을 바쁘게 쫓아가야 하죠. 일정마다 필요한 학교생활 문해력에 대해 알아보겠습니다.

학교 소통 앱,
플랫폼을
어떻게 이용해야 할까?

"학교 앱이 너무 헷갈려요. 입학할 때 꼭 설치하라 해서 깔았는데, 종이 가정통신문도 주고, 담임 선생님이 알림장을 앱에 올려주실 때도 있고 안 올려주실 때도 있어요. 그러다 보니 결국 아이 알림장을 기준으로 삼아야 할 때가 많아요. 앱에서 놓치면 '빨리 제출하라'는 안내가 또 뜨고, 이미 제출했는데 다시 안내가 오면 당황스럽기도 하고요. 뭘 어떻게 이용해야 할까요?"

아이가 입학하면 앱을 설치하라는 가정통신문이 옵니다. 종이 가정통신문도 주면서 왜 또 앱을 설치하라고 하는 건지, 하나만 있으면 될 것 같은데 여러 개를 설치하라니 헷갈리고 정신이 없습니다.

어떤 담임 교사는 알림장을 앱에 따로 올려주지만, 어떤 교사는 전혀 올려주지 않아 아이가 직접 쓴 알림장에 의지해야 할 때도 있습니다. 그럴 때면 '그럼 대체 앱은 왜 설치하라고 한 걸까?' 하는 생각이 듭니다.

가정통신문을 놓치면 아이의 알림장에 '빨리 제출하라'는 안내가 뜨기도 하고, 간혹 담임 선생님께 직접 메시지를 받기도 합니다. '아니, 얼마 전에 이미 제출했는데 왜 또 제출하라는 거지?' 짜증도 불쑥 올라옵니다.

학교가 정보를 안내하는 세 가지 방법

일단 학교가 정보를 안내하는 방법은 크게 세 가지입니다. 첫째는 앱, 둘째는 종이 가정통신문, 셋째는 알림장입니다.

1) 앱

학교에서 사용하는 앱에는 두 가지가 있습니다.

첫째는 학교 공용 앱인 e-알리미입니다. 입학할 때 필수로 설치해야 하며, 교육청에서 내려오는 가정통신문이나 학교 전체에 발송되는 주요 안내를 이 앱으로 확인합니다. 학교 공개 수업이나 캠프 참여 신청, 각종 회신이 필요한 경우도 e-알리미를 통해 진행합니다.

둘째는 학급 단위 앱입니다. 담임 교사가 알림장을 올리거나 사진·동영상을 공유할 때 주로 사용합니다. 가장 많이 쓰이는 앱은 '하이클래스'이고, 학급에 따라 '클래스팅'이나 '네이버 밴드'를 쓰는 경우도 있습니다.

어떤 반은 아이가 쓴 알림장이 그대로 앱에 업로드되기도 하고, 어떤 반은 앱에 따로 올리지 않기도 합니다. 이는 담임 교사의 운영 스타일에 따라 달라요. 만약 따로 올려주지 않는다면 아이가 직접 알림장을 챙기는 습관을 기르는 것이 더 중요합니다.

참고로 e-알리미는 학교에서 매년 동일하게 사용하지만, 학급 앱은 학년이 바뀔 때마다 새 학급으로 다시 가입해야 합니다.

2) 종이 가정통신문

최근에는 종이 가정통신문이 크게 줄었습니다. 한동안은 앱과 종이가 병행되던 시기도 있었지만, 지금은 종이를 최소화하는 추세입니다. 다만 학교에서 반드시 종이로 보관해야 하는 경우나 아직 전환이 이루어지지 않은 일부 문서만 종이로 배부됩니다. 따라서 가정에서는 e-알리미를 꼼꼼히 확인하는 것이 중요합니다.

3) 알림장

알림장은 아이가 교실에서 담임 교사 말을 듣고 숙제나 준비물을 직접 기록하는 수첩입니다. 학부모님은 아이가 알림장을 잘 활용하여 스스로 숙제와 준비물을 챙길 수 있도록 도와주면 좋습니다.

여기까지는 학교와 담임 교사가 안내하는 방법입니다.

**학부모가 학교와
소통하는 방법**

있을까요?

그렇다면 학부모 입장에서 학교나 담임 교사와 소통하는 방법에는 어떤 게

1) 전화

학교 대표 전화를 통해 교무실, 행정실, 각 반 교실로 연결할 수 있습니다. 담임 교사와 직접 통화하고 싶다면 수업 시간을 피해서 반 교실로 연락하는 것이 좋습니다. 학급과 무관한 내용은 교무실로 전화하면 됩니다. 교무실에서는 바로 답을 주거나, 담당 부서로 연결해주거나, 확인 후 다시 연락을 주는 방식으로 응대합니다.

2) 학급 앱

최근에는 담임 교사가 개인 휴대폰 번호를 공개하지 않는 경우가 많습니다. 대신 학급 앱의 메시지 기능을 통해 소통할 수 있습니다. 앱 종류에 따라 문자 메시지뿐만 아니라 전화 통화 기능을 제공하기도 합니다. 상담 신청이나 개별 연락 방법은 뒤에서 자세히 설명하겠습니다.

가장 신경 써야 할 일은 앱에 가정통신문이 뜰 때, 놓치지 않고 바로 열어서 확인하는 것입니다. 그리고 회신이 필요한 것은 최대한 빠르게 회신해야 합니다.

핵심 코칭　학교 소통 체크리스트

1. e-알리미(학교 공용 앱)

- [ ] 알림이 뜨면 그날 안에 확인한다.
- [ ] 회신(동의·신청·설문)이 있으면 바로 처리한다.

2. 학급 앱(하이클래스·클래스팅·밴드 등)

- [ ] 사진·공지·알림장이 올라왔는지 살펴본다.

3. 아이 알림장

- [ ] 하루가 끝나고 아이 가방에서 알림장을 확인한다.
- [ ] 숙제와 준비물을 아이가 스스로 챙겼는지 점검한다.

학생 기초 조사서는
어떻게 쓸까?

"학기 초에 나눠주는 학생 기초 조사서가 항상 좀 부담돼요. 민감한 부분은 솔직하게 쓰기가 망설여지거든요. 제출 기한은 짧고 내용은 많아서 늘 허겁지겁 적다 보니 빠뜨리기도 하고요. 그래서 매년 이 서류를 받을 때면 괜히 긴장이 됩니다."

새 학기가 시작된 첫날, 아이가 들고 오는 종이가 있습니다. 그건 바로 '학생 기초 조사서'입니다. 이것은 학교마다 다양한 말로 불리는데요, 학생의 보호자, 집 주소, 성향 등 학교에서 학생들을 지도하는 데 필요한 기초적인 내용을 조사합니다.

사실 제가 담임 교사로서 이 종이를 나눠줄 때는 학부모들이 이

걸 쓰면서 고민할 거라고 생각해본 적이 없습니다. 그런데 가끔 지인들이 제게 "학생 기초 조사서는 어떻게 쓰면 좋을까요?" 하고 묻기도 했고 제 아이가 학교에 들어가니 저도 걱정이 되더라고요.

'이 종이 한 장으로 담임 선생님이 아이의 첫인상을 판단하면 어떡하지? 꼭 필요한 내용을 전달 못 하면 어떡하지?'

학생 기초 조사서는 어떻게 쓰면 좋을까요? 쉽게 말하면 아이에 대해 꼭 알리고 싶은 정보를 적으면 됩니다. 이때 기초 조사서에 쓰면 좋을 것과 학부모 상담 때 말로 전하는 게 더 좋을 것을 구분하며 작성합니다.

정확하게 기재해야 하는 항목은 다음과 같습니다.

- 학생 인적 사항: 이름, 주소, 연락처, 보호자 연락처(실제 연락이 가능한 사람으로)
- 건강 및 알레르기, 특이사항 등: 교사가 반드시 알아야 할 정보

최대한 중립적인 문장으로 정리하세요

그 외의 사항이나 교사에게 하고 싶은 말이 있을 때는 고민이 될 텐데요. 이런 내용은 오히려 더 신중하게 써야 합니다. 저희 반의 학생이 이렇게 말한 적이 있어요.

"선생님, 저는 새 학년이 되고 발표를 열심히 해야겠다고 생각했어요. 그런데 엄마가 발표를 못한다고 적어놔서 오히려 손을 들기 어려웠어요."

그 학생의 기초 조사서 중 '담임 교사에게 하고 싶은 말'에는 이렇게 적혀 있었거든요.

'저희 아이가 부끄러워서 발표하기 어려워합니다. 발표 많이 시켜 주세요.'

이 문서를 아이가 직접 교사에게 전달하는 경우가 많아서 아이도 보게 되거든요. 아이도 새로운 학년에선 '새롭게 보이고 싶은 마음'이 있는데, 부모가 적은 '단점'이나 '걱정'이 담긴 내용을 보면, 오히려 위축되는 경우도 있습니다.

따라서 기초 조사서에는 중립적인 문장으로 정리하고 실제 걱정되는 부분은 학부모 상담에서 따로 전달하는 것이 좋습니다. 요즘 구글 폼이나 네이버 폼 등의 링크를 통해 따로 필요한 내용을 담임 교사가 받도록 하는 학교도 있으니, 그런 경로를 활용해도 좋습니다.

저의 경우에는 학부모 상담 전에 미리 담임 교사에게 전화나 메시지를 통해 알린 적도 있습니다. 정해진 것은 없습니다. 아이에 대해 어디까지 언제 알릴지 결정할 때 가장 중요한 것은 부모의 마음입니다. 당장 말하는 것이 불편하다면 천천히 시간을 갖고 아이의 학교생활을 지켜보며 결정해도 괜찮습니다.

특히 민감한 가족 정보는 반드시 기재해야 하는 것이 아니며, 부모가 필요하다고 느끼는 경우에만 작성하면 됩니다. 교사와 신뢰 기반 소통이 필요하다고 판단되면 '최근 가족 변화로 정서적 지원이 필요할 수 있습니다'처럼 중립적으로 표현할 수도 있습니다.

학생 기초 조사서는 교사에게 아이를 더 깊이 이해할 수 있는 실마리를 제공하고, 학기 초부터 신뢰 있는 협력 관계를 만드는 데 도움이 됩니다. 지나치게 쓰는 것보다, 아이가 새롭게 시작할 수 있도록 배려하는 선에서 정리된 글이 가장 좋습니다. 꼭 이때가 아니더라도 학교생활을 하면서 담임 교사와 이야기를 나눌 수 있으니, 이 한 장을 채우려고 너무 부담을 갖지 마세요.

실전 연습 기초 조사서 작성하기

담임 교사에게 전하고 싶은 말이 있다면 다음 예시를 활용해봅시다. 기초 조사서나 담임 교사에게 따로 전달할 때 활용할 수 있습니다.

1) 성격 및 성향 관련
· 새로운 환경에 적응하는 데 조금 시간이 필요합니다.
· 친숙해지면 활발해지지만 초반에는 다소 신중한 모습을 보입니다.
· 다양한 것에 관심이 많아 질문이 잦은 편입니다.
· 소음이나 갑작스러운 변화에 민감하게 반응합니다.
· 감정을 겉으로 드러내기보다 속으로 정리하는 편입니다.

2) 학습 태도 및 습관

· 짧은 글에 흥미를 느끼며 긴 글은 아직 익숙하지 않습니다.

· 수학 과목에 더 흥미를 보입니다.

· 독서 활동을 즐기는 편입니다.

· 과제를 수행하는 데 시간이 다소 소요되는 편입니다.

· 집중력이 유지되지 않을 때가 있어 중간에 멈추는 경우도 있습니다.

3) 정서·감정 표현

· 불편한 감정을 쉽게 표현하기보다는 조용히 넘기려는 편입니다.

· 속상함을 겉으로 드러내기보다 웃으며 지나가는 경향이 있습니다.

· 부정적인 말을 들으면 감정 변화가 빠르게 나타나기도 합니다.

· 감정을 조절하는 데 어려움을 느껴 눈물로 표현되는 경우도 있습니다.

· 힘든 일이 있을 때 혼자 정리하고 싶은 경향이 있습니다.

4) 건강, 특이사항 및 가정환경

· 호흡기 질환 증상이 반복되어 컨디션이 들쭉날쭉할 때가 있습니다.

· 긴장할 때나 피로 시 틱 증상이 관찰되기도 합니다.

· 조부모님과 함께 생활하며 돌봄을 받고 있습니다.

· 최근 가족 내 환경 변화가 있었습니다.

· 시력이나 청력 관련하여 교내 활동 시 주의가 필요합니다.

5) 친구 관계 및 사회성

· 친구 관계를 원하지만 접근 방식에 어려움을 느낄 때가 있습니다.

· 놀이 중 장난이 과해질 때가 있어 조절이 필요할 수 있습니다.

· 친구의 말에 민감하게 반응하는 경향이 있습니다.

· 가까운 친구와의 관계를 선호하고 제한된 관계 속에서 편안함을 느낍니다.

· 주도적인 역할보다 따라가는 상황에서 더 편안함을 느낍니다.

돌봄, 늘봄, 방과후교실은 어떻게 다를까?

"학교에는 돌봄교실, 늘봄학교, 방과후교실이 있다고 하는데,

이름도 비슷하고 역할도 겹치는 것 같아서 뭐가 뭔지 잘 모르겠어요.

돌봄교실은 맞벌이 가정 위주라고 들었는데, 늘봄은 누구나 신청할 수 있는

건가요? 매년 학기 초 신청 시즌이 되면 머리가 아파요."

아이가 초등학교에 들어가면 부모가 가장 먼저 맞닥뜨리는 현실적인 고민은 '하교 후 아이를 어떻게 돌볼 것인가' 하는 문제입니다. 학교 수업은 보통 오후 1~2시면 끝나지만, 부모는 저녁이 되어야 퇴근하죠.

그 공백을 메우기 위해 만들어진 제도가 바로 돌봄교실과 방과후

교실 그리고 최근의 늘봄학교입니다. 이름이 비슷하지만 제도의 출발 배경과 운영 방식은 서로 다릅니다. 학교마다 다른 용어로 사용되기도 해서 더 헷갈리기도 하는데요.

세 프로그램은 한 번에 만들어진 것이 아니라, 시대적 필요와 정책 변화에 따라 하나씩 덧붙여 생겨난 제도입니다. 그렇기 때문에 이름이 통일성을 갖추고 있다고 보기는 어렵습니다.

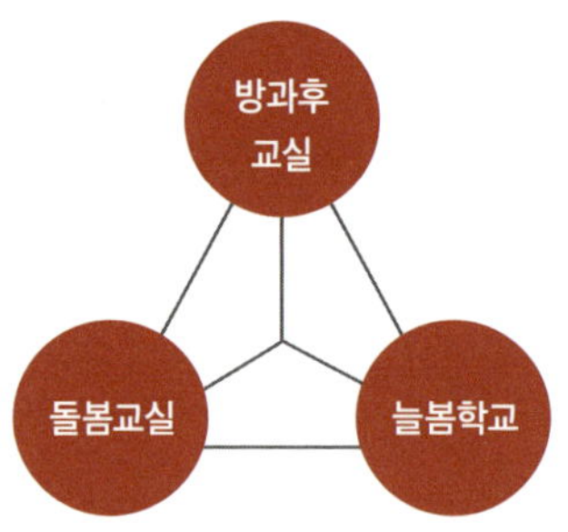

세 프로그램을 적절히 이용하세요

여기서는 보통 사용되는 용어로 설명할게요. 이런 시스템을 잘 활용하면 아이의 방과후 시간을 알차게 보낼 수 있고, 사교육비도 절약할 수 있습니다.

1) 방과후교실: 배우고 즐기는 작은 학교

방과후 교육활동의 뿌리는 1995년 '5·31 교육개혁'에 있습니다. 이

때 학교가 정규 수업만 하는 곳이 아니라, 아이들의 소질과 적성을 키워주는 활동까지 운영하도록 길을 열어주었습니다. 처음에는 '특기·적성 교육활동'이라는 이름으로 미술, 음악, 체육 같은 프로그램이 이루어졌죠.

이후 사교육비 부담과 교육 격차 문제가 커지면서 2006년 정부가 「방과후학교 활성화 정책」을 발표했고요. 그때부터 지금처럼 전국적으로 운영되는 방과후교실이 본격화되었습니다.

현재는 미술·체육·음악·영어·과학·코딩 등 다양한 과목이 개설되고, 아이가 직접 선택할 수 있습니다. 학교가 외부 강사를 연결해 운영하며, 학부모가 일부 비용을 부담합니다. 돌봄교실이 아이를 맡겨두는 공간이라면, 방과후교실은 아이의 흥미와 재능을 배우고 즐기는 작은 학원이라고 할 수 있습니다.

2) 돌봄교실: 아이의 안전을 지키는 공간

돌봄교실은 2004년 시범 운영으로 시작되었습니다. 맞벌이·한부모 가정이 늘면서 '돌봄 공백'이 심각한 사회 문제로 떠오른 것이 계기였습니다.

2004년에 초등 저학년을 대상으로 돌봄교실 시범 운영 시작했고 2007년에 교육인적자원부와 보건복지부 협력으로 전국 확대 운영되었어요. 2012년 이후에는 돌봄전담사 제도가 정비되며 체계적으로 운영이 안정화되었습니다.

돌봄교실은 주로 1~2학년 아이들이 대상이며, 수업이 끝난 뒤 오후 5시 전후까지 운영됩니다. 학교에 따라서는 오전에도 운영되는 곳이 있습니다. 이곳에서는 숙제를 하거나 책을 읽고, 자유롭게 놀며 안전하게 머물 수 있습니다. 즉 돌봄교실은 학습보다 보호와 안전에 초점이 맞추어진 제도입니다.

돌봄교실에서 돌볼 수 있는 학생들의 수는 제한이 있어요. 신청자가 많으면 '맞벌이, 한부모 가정' 등의 우선순위에 따라 선정됩니다.

3) 늘봄학교: 전 학년이 무료로 참여할 수 있는 방과후 통합 프로그램

기존 돌봄교실은 저학년 일부 학생만 이용할 수 있어, 돌봄이 필요하지만 받지 못하는 경우가 생기기도 했죠. 또 하교 시간이 빨라 학부모가 부담을 느끼는 경우가 많았습니다. 그로 인해 사교육비 부담이 늘어난다는 문제도 있었고요. 이러한 배경에서 2023년 일부 지역에서 늘봄학교(늘봄교실)가 시범 운영을 시작했습니다. 2025년부터는 전국적으로 전면 시행되었어요.

늘봄학교는 주로 초등학교 저학년을 대상으로 정규 수업 전후 돌봄과 방과후 프로그램을 통합해 제공하는 제도입니다. 특히 초등학교 1·2학년은 희망하면 누구나 매일 약 2시간의 무료 교육·돌봄 프로그램에 참여할 수 있으며, 이 밖의 시간에는 유료 방과후나 돌봄

프로그램을 선택해 이용할 수 있습니다. 3학년 이상은 학교 내 늘봄학교 대신 방과후 바우처나 지역 연계 돌봄 등 학년과 지역에 따라 다른 형태의 지원을 받도록 정책이 바뀌고 있어, 구체적인 내용은 해마다 교육부와 시·도교육청 안내를 확인해야 합니다.

늘봄학교를 둘러싸고 교사들의 업무 부담, 필요한 인력과 예산, 돌봄 인력과 역할 분담 문제 등의 갈등이 있습니다. 합의점을 찾아서 이러한 프로그램이 저출산, 사교육 문제를 해결하는 데 도움이 되기를 바라는 마음입니다.

아이의 방과후 일정을 짠다면 이처럼 세 프로그램을 이용해서 짤 수 있습니다. 유의할 점은, 안전 책임 소지의 문제 때문에 한번 학교를 나가면 다시 들어갈 수는 없다는 것입니다.

물론 집에 돌봐줄 누군가가 있으면 하교 후 가정으로 가서 시간을 보낼 수도 있어요. 각자의 가정 상황에 맞게 일정을 짜면 되겠습니다.

 **실전 연습** 아이와 함께 하교 후 일정 짜기

예시

	월	화	수	목	금
오후 1시	늘봄교실 (종이접기)	방과후교실 (로봇 과학)	방과후교실 (축구)	돌봄교실	방과후교실 (그리기)
오후 2시	돌봄교실			태권도학원	
오후 3시		늘봄교실 (창의 독서)	돌봄교실		늘봄교실 (보드 게임)
오후 4시		돌봄교실		피아노교실	
오후 5시					돌봄교실
오후 6시					

	월	화	수	목	금
오후 1시					
오후 2시					
오후 3시					
오후 4시					
오후 5시					
오후 6시					

학부모 총회에 꼭 가야 할까?

"학부모 총회가 열릴 때마다 부담이 됩니다. 꼭 가야 하나 생각도 들고, 시간 내기도 힘들고, 막상 가면 다른 부모님들과 어색하게 앉아 있어야 해서 긴장돼요. 참석해야 할지, 참석한다면 또 어떤 태도로 참여해야 하는지 궁금해요."

새 학기가 시작될 무렵 중요한 일정 중 하나가 바로 학부모 총회입니다. 방과후에 열리기 때문에 아이의 학원에 데려다주어야 한다거나, 아이가 혼자 있을 수 없어서 참석을 못 하기도 하는데요. 만약 아이가 있을 데가 없다면 학교 도서관에 있으라고 하고, 웬만하면 가보길 권합니다. 그 이유로 다섯 가지를 들 수 있습니다.

첫째, 학부모 총회는 담임 선생님의 교육적 가치관을 직접 들을 수 있는 자리입니다. 교장 선생님의 학교 소개가 끝나면 각 교실에서 담임이 1년간의 학급 운영 계획을 설명합니다. 이때 담임의 말뿐 아니라 태도, 표정, 분위기에서 '우리 아이가 어떤 선생님과 생활하는지'를 느낄 수 있습니다. 아이가 학교생활을 집에서 들려줄 때도, 아이 담임 선생님 얼굴과 목소리를 알고 있다는 것만으로 훨씬 이해가 깊어집니다.

둘째, 아이의 시선으로 교실을 경험할 수 있는 기회입니다. 대부분의 학부모가 아이가 앉는 자리에 직접 앉아봅니다. 그 자리에 앉아 교실을 바라보면 '내 아이가 이 자리에서 이렇게 선생님을 바라보는구나'라는 사실을 실감하게 됩니다. 아이의 하루를 조금 더 생생하게 공감할 수 있죠.

셋째, 아이의 교실 생활을 엿볼 수 있습니다. 학기 초에 작성한 자기소개 글이나 친구들의 작품이 게시판에 붙어 있고, 아이의 사물함과 책상도 확인할 수 있습니다. 아이 대신 정리해주기보다는 아이가 어떤 모습으로 생활하고 있는지를 살펴보세요. 그리고 그 경험을 아이와 대화 소재로 삼는 편이 좋습니다.

넷째, 학부모 총회는 수시 상담 시대를 여는 출발점이 되기도 합니다. 예전에는 1학기, 2학기 상담 주간이 정해져 있었지만 최근에는 필요할 때마다 요청하는 수시 상담으로 바뀌고 있습니다. 학부모 총회에서 교사와 얼굴을 트고 나면, 이후 필요할 때 담임에게 상담을 요청하기가 훨씬 편안해집니다. 정해진 주간에 형식적으로 몰아서 소통하기보다, 필요한 시점에 언제든 상담할 수 있겠죠.

다섯째, 총회 이후 아이와 대화하며 긍정적인 메시지를 전할 수 있습니다. "선생님께서 올해 이런 부분을 중점적으로 지도하신대. 네가 많이 배우고 성장할 수 있을 것 같아 엄마도 기대돼"라고 말하면, 아이는 학교와 선생님을 더 긍정적으로 받아들이게 됩니다. 부모의 시선과 언어는 곧 아이의 학교 경험을 해석하는 틀이 됩니다.

물론 참석이 부담스럽고 힘들다면 가지 않아도 큰 문제는 없습니다. 하지만 마음속에 불안이 남는다면, 짧게라도 참석해보는 것만으로 아이의 학교생활을 이해하고 지지하는 힘이 될 수 있습니다.

핵심 코칭　학부모 총회 가이드

학부모 총회에 갈 때, 다음 질문과 활동을 준비해보세요.

- 교실에서 확인하고 싶은 포인트 생각해보기(예 게시판, 친구들 작품, 사물함·책상 상태)
- 아이에게 전할 긍정 메시지 준비하기(예 "선생님이 너희 반에서 ○○을 강조하신다더라. 네가 이 부분에서 많이 자라날 것 같아.")
- 총회 이후 아이와 나눌 대화 질문 만들기(예 "오늘 보니 네가 이런 자리에서 수업을 듣는구나. 학교에서 어떤 게 가장 재미있어?")

학급 임원 선거,
어떻게
도와줄까?

"학기 초가 되면 학급 임원 선거가 열리는데, 아이가 출마하겠다고 하면 괜히 걱정이 앞섭니다. 혹시 떨어져서 상처받지는 않을까, 반대로 임원이 되면 잘할 수 있을까 하는 마음이 교차해요. 또 부모가 도와줘야 하는 건지, 그냥 지켜봐야 하는 건지도 헷갈립니다. 아이가 도전해보는 게 좋은 경험인 건 알지만, 그 과정에서 상처를 크게 받지 않을까 늘 마음이 조마조마합니다."

보통 3학년부터 학급 임원 선거를 하게 됩니다. 학교마다 '반장', '회장' 등 학급의 리더를 부르는 말은 다릅니다. 요즘은 학급 임원이 된다고 해서 특별하게 하는 일이 없긴 해요. 예전처럼 '떠든 사람'을 적거나 청소 검사를 대신하면서 선생님의 권력을 빌리는 일도 없어졌어요. 그럼에도 '학급 임원'이 주는 기쁨과 명예의 맛이 있지요. 학

년이 올라갈수록 학생들은 귀신같이 모범생을 알아차리고 표를 줍
니다.

학급 임원 선거에 반드시 출마해야 하는 건 아니지만, 출마를 해
보는 건 좋은 경험이 될 수 있어요. 당선되어서 어려움을 겪는다고
해도, 리더의 고충을 배우는 경험이 되고요. 설사 떨어진다고 해도
실패와 좌절을 다루는 방법을 배우게 되죠.

그럼 아이가 학급 임원 선거에 출마했을 때 어떻게 도와주면 좋
을까요?

임원 선거는 크게 후보 등록 - 선거 공약 연설 - 투표 - 소감 발
표 순서로 진행됩니다. 제 유튜브 《이서윤의 초등생활처방전》에는
초등학생이 임원 선거를 준비하는 방법에 대해 안내해놓았는데요.
그중 중요한 부분만 여기에 옮겨 적습니다. 참고해서 임원 선거 연설
문도 쓰면서 준비해보세요.

**초등학생이 임원 선거를
준비하는 법**

'임원'은 반 전체에서 리더의 역할을 합
니다. 친구들과도, 선생님과도 잘 소
통을 해야 하겠죠. 또 항상 모범을 보이면서 친구들과 잘 지낼 수
있도록 노력하는 게 좋습니다.

임원 선거의 첫 단계는 임원 후보에 등록하는 것입니다. 후보에

등록하는 것을 찬성한다는 친구가 5명 이상일 경우 후보에 등록되는 학교도 있어요. 그런 경우에는 임원 선거에 출마하고 싶으면 주변 친구들에게 슬쩍 "나 회장 선거에 나가고 싶은데 추천해주라" 하고 말해두어도 좋아요.

그런 과정 없이 추천만으로 바로 등록되는 경우도 있어요. 하고 싶은데 친구들이 아무도 추천을 하지 않는다면 자기 자신을 추천하고 싶다고 후보 등록할 때 발표해보세요.

후보에 올라갔다면 이제 연설을 해야겠죠. 친구들이 이미 내 얼굴과 이름을 알고 있다고 해서 인사도 안 하고 이름도 말하지 않으면 안 됩니다. 공식적인 자리이기 때문에 또박또박 차분하게 예의 바르게 "안녕하세요. 이번 반장 선거 혹은 임원 선거에 출마한 이서윤입니다" 하고 인사하는 겁니다.

그다음에 '각인 효과'라고, 친구들의 머릿속에 딱 내가 박히는 말을 합니다. 여러 가지 소품을 활용할 수도 있고, 선생님이 소품을 활용하지 말라고 했다면 다른 방법을 생각해볼 수 있습니다. 예를 들어볼게요.

- (실내화를 벗어서) 이 신발이 닳을 때까지 여러분을 위해 열심히 뛰겠습니다!
- (돋보기를 들며) 우리 반에 문제가 있는 부분을 찾아서 해결하도록

노력하겠습니다!

- (열쇠를 보여주며) 이게 무엇인 줄 아세요? 바로 더 좋은 반을 만드는 열쇠입니다! 이 열쇠를 제가 가지고 있습니다! 우리 반을 더 좋은 반으로 만들겠습니다!
- (모래시계를 보여주며) 보십시오. 시간은 이렇게 빠르게 흘러갑니다. 3학년이라는 시간 동안 여러분과 행복한 시간으로 채우고 싶습니다.
- (연필 쓰던 거 하나 가지고 가서) 이 연필이 닳아질 때까지 우리 반에 문제가 있다면 찾아보고 써서 해결할 수 있도록 노력하겠습니다.
- (지우개로 지우는 시늉을 하며) 우리 반의 문제를 모두 싹싹 지우고 새로운 반으로 거듭나도록 하겠습니다.

그다음에 또 중요한 것은 공약을 말하는 것입니다. 공약이라는 것은 여러 사람에게 발표하는 '내가 반장이 되면 어떻게 하겠다'는 약속입니다. 내가 임원이 되었을 때 어떤 반장이 될지, 어떤 반이 될 수 있도록 어떤 부분을 노력할지를 생각해보는 거예요. 하지만 실천 가능한 문제여야겠죠. 예를 들어 "급식 시간에 항상 라면이 나올 수 있도록 하겠습니다" 같은 건 실천 가능하지도 않고 학생들을 위한 공약이 아닙니다.

그럼 어떤 공약이 가능할까요?

- 친구들끼리 서로 친해질 수 있는 칭찬 릴레이 이벤트를 해보겠습니다.
- 고민이 있거나 힘든 친구들을 위해서 고민 상자를 만들어서 학급 회의 시간마다 서로의 고민을 들어 주는 따뜻한 반이 되도록 하겠습니다.
- 친구들이 힘들 때 먼저 다가가서 도와줄 수 있는 그런 사람이 될 수 있도록 하겠습니다.
- 점심시간을 재미있게 보내기 위해서 함께할 수 있는 점심 시간 놀이를 생각해서 함께 놀게 하겠습니다.
- 선생님과 함께 의논하여 미니 체육 대회를 하게 하겠습니다.
- 학급 회의를 더 활발하게 진행하여 서로의 의견이 존중될 수 있고 문제가 해결될 수 있는 학급을 만들도록 하겠습니다.
- 학급 장기자랑의 날을 만들어서 서로의 재능을 뽐낼 수 있는 날을 만들겠습니다.

이렇게 내가 어떤 반장이 될 것인지, 반장이 되면 어떤 것들을 기획해볼 것인지 생각해서 세 가지 정도로 공약을 말하면 좋습니다.

마지막으로는 굳히기 전략에 들어가야 합니다. 마지막으로는 '나를 뽑아달라'고 마무리하면서 굳히기를 하는 겁니다.

- 친구들과 함께 행복한 학급을 만들기 위해서 열심히 뛰고 노력하겠습니다.
- 저 이서윤, 꼭 한 표 부탁드립니다.
- 여러분의 의견을 소중하게 생각하는 저 이서윤에 한 표 주시면 정말 최선을 다하겠습니다.
- 친구들의 생각을 듣고 더 노력하며 땀 흘리는 반장이 되도록 하겠습니다.
- 여러분의 한 표가 꼭 필요합니다. 저 이서윤이 반장이 된다면 행복한 반을 만들도록 노력하겠습니다.
- 반을 더 즐겁고 따뜻하게 만들 열쇠가 저에게 있습니다. 여러분의 마음의 문을 열고 싶습니다.

물론 말만 잘하면 안 되겠죠. 내가 말한 것을 잘 지키고 실천하도록 해야겠습니다. 당선이 되었다면 당선 소감을 말할 텐데요. "저를 학급 회장으로 뽑아주셔서 감사합니다. 저를 믿어주신 만큼 최선을 다하도록 하겠습니다. 열심히 하겠습니다"와 같이 감사와 앞으로의 포부를 전하면 됩니다.

임원 선거에 나가서 좋은 결과가 있으면 좋겠습니다. 하지만 도전해본다는 것 자체에 의미가 있는 거니까 떨어지더라도 너무 실망하지 말고 임원 선거에 나간 아이를 칭찬해주길 바랍니다.

 아이와 함께 임원 선거 연설문 작성하기

연설문 예시

인사

- 안녕하세요! 4학년 ○○반 친구들! 저는 ○○○입니다!

각인(센스 있는 한마디)

- (주머니에서 큰 열쇠를 꺼내 흔들며) 이 열쇠는 무엇일까요? 바로, 더 좋은 반을 만드는 열쇠입니다! 저는 여러분과 함께 최고의 반을 여는 열쇠가 되겠습니다!

공약(반을 위해 할 일)

- 친구들이 원하는 활동을 적극적으로 반영해서 더 재미있는 반을 만들겠습니다!
- 반 친구들끼리 서로 더 친해질 수 있도록 칭찬 릴레이 이벤트를 해보겠습니다!
- 고민이 있거나 힘든 친구가 있다면 도움을 줄 수 있는 따뜻한 반이 되도록 하겠습니다!

굳히기(마무리 강조)

- 반을 더 즐겁고, 더 따뜻하게 만들 열쇠가 필요하신가요? 그렇다면, 저 ○○○에게 한 표를 주세요! 감사합니다!

인사:

각인(센스 있는 한마디):

공약(반을 위해 할 일):

굳히기(마무리 강조):

진단평가,
어떻게
준비할까?

"학기 초 진단평가가 다가오면 괜히 마음이 불안합니다. 사실 진단평가는 말 그대로 아이 수준을 알아보는 시험이라는 걸 알지만, 시험이라는 형태가 학교에 거의 없기 때문에 준비를 시켜야 하나 고민이 돼요."

새 학년이 시작되면 3월 중순(2~3주차) 즈음에 진단평가가 실시됩니다. 시도교육청이나 학교마다 날짜와 과목은 조금씩 다를 수 있습니다. 학년별 진단평가 내용은 다음과 같습니다.

• 2학년: 한글을 아직 완전히 익히지 못한 학생을 중심으로 검사합

니다.

- 3학년: 읽기·쓰기·셈하기 세 가지 기초 학습을 봅니다.
- 4~6학년: 학교마다 다르지만, 국어·수학·영어만 보는 경우도 있고, 국어·수학·사회·과학·영어까지 보는 경우도 있습니다.

진단평가는 시험이 아니라 검사입니다. 이전 학년에서 배운 내용을 잘 알고 올라왔는지 확인하고, 학습에 구멍이 있는 학생을 찾아 돕기 위한 목적입니다. 문제는 어렵지 않고, 통과 점수도 높지 않습니다.

결과 역시 학부모에게 통보되지 않으며, 필요한 학생만 보충 프로그램에 연결됩니다. 즉 성적을 매기기 위한 시험이 아니라, 도움을 주기 위한 검사입니다. 결과를 따로 알려주지는 않고 별다른 연락이 없다면 큰 어려움이 없는 것으로 이해하면 됩니다.

가볍게 복습하는 것으로 충분합니다

사실 별도의 대비는 필요하지 않습니다. 2학년은 1학년 때 배운 한글과 기초 연산, 3학년도 2학년 과정 수준, 4~6학년도 기본 복습만 되어 있으면 충분합니다. 학부모 입장에서는 시험이라는 형식 때문에 걱정이 될 수 있습니다. 그럴 때는 가볍게 복습을 해보는 정도로 충분합니다. 활용할 수 있는 방법은 다음과 같습니다.

세 가지를 모두 할 필요는 없고, 부담 없이 훑어보는 정도면 충분합니다. 더 중요한 것은 평소 학습 태도입니다. 진단평가는 한 번의 검사일 뿐입니다. 아이의 학습은 평소 수업 시간에 얼마나 성실히 참여하는가, 과제를 얼마나 꾸준히 해내는가에 따라 달라집니다.

진단평가에서 중요한 것은 점수가 아니라 '우리 아이가 부족한 부분이 있다면 빨리 발견해 도와줄 기회'라는 점입니다. 따라서 진단평가 자체에 부담을 갖기보다 매일의 공부 습관과 태도가 곧 아이의 성장으로 이어진다는 점을 기억하면 좋겠습니다.

핵심 코칭 자기주도학습 검사

각 문항을 읽고, 지금 아이 모습과 얼마나 비슷한지 점수를 매겨보세요. 아이가 직접 하게 해도 좋습니다.

(1=전혀 아니에요 / 2=별로 아니에요 / 3=보통이에요 / 4=조금 그래요 / 5=매우 그래요)

I. 공부를 좋아하는 마음

1. 나는 어려운 공부도 재미있게 하려고 한다. (   )

　예 수학 문제는 어렵지만 풀면 신난다.

2. 나는 점수보다 잘 이해하는 것이 더 중요하다고 생각한다. (　　　)

　㉠ 100점은 아니어도 내용을 알면 괜찮다.

3. 나는 학교에서 배우는 것이 나중에 쓸모 있다고 생각한다. (　　　)

　㉠ 사회 시간에 배운 지도가 나들이할 때 도움이 된다.

4. 나는 꿈을 이루기 위해 열심히 배우고 싶다.(　　　)

　㉠ 과학자가 되고 싶어서 과학 공부를 더 하고 싶다.

5. 나는 공부가 재미없어도 끝까지 하려고 한다. (　　　)

　㉠ 받아쓰기가 지루해도 끝까지 한다.

Ⅱ. 나에 대한 생각

6. 나는 어떤 과목은 잘하고, 어떤 과목은 어렵다는 걸 안다. (　　　)

　㉠ 나는 수학은 잘하지만 영어는 조금 어렵다.

7. 나는 친구들보다 공부를 잘할 수 있다고 믿는다. (　　　)

　㉠ 노력하면 나도 할 수 있다고 생각한다.

8. 나는 열심히 하면 지금보다 더 잘할 수 있다고 생각한다. (　　　)

　㉠ 글씨를 열심히 쓰면 더 잘 쓸 수 있다.

9. 나는 내가 늘었는지, 못했는지 스스로 살펴본다. (　　　)

　㉠ 받아쓰기 점수가 지난번보다 올라갔는지 본다.

10. 나는 선생님이나 부모님께 칭찬받고 싶어 노력한다. (　　　)

　㉠ 숙제를 잘해서 칭찬을 듣고 싶다.

Ⅲ. 공부 계획 세우기

11. 나는 공부를 시작하기 전에 무엇을 할지 생각한다. (　　　)

　㉠ 숙제부터 하고 책을 읽자고 마음먹는다.

12. 나는 공부할 순서와 시간을 정해서 한다. (　　　)

　㉠ 먼저 수학 풀고, 그다음 국어 쓰기를 한다.

13. 나는 숙제를 정해진 시간 안에 끝낸다. (　　　)

　㉠ 저녁 먹기 전에 숙제를 다 한다.

14. 나는 바빠도 공부할 시간을 낸다. (   )

　　⑩ 놀이터에 가기 전에 받아쓰기를 한다.

15. 나는 공부할 때 집중하려고 한다. (   )

　　⑩ 공부하는 동안 TV를 보지 않는다.

Ⅳ. 공부 방법

16. 나는 새로 배운 것을 생활 속 예로 생각해본다. (   )

　　⑩ 분수를 배울 때 피자 조각을 떠올린다.

17. 나는 배운 것을 내 방식대로 정리한다. (   )

　　⑩ 그림으로 요약하거나 색깔 펜으로 적는다.

18. 나는 시간이 없으면 중요한 것부터 공부한다. (   )

　　⑩ 내일 시험 과목부터 공부한다.

19. 나는 무조건 외우기보다 이해하면서 공부한다. (   )

　　⑩ 단어 뜻을 그림이나 상황으로 이해한다.

20. 나는 공부할 때 더 좋은 방법을 찾으려 한다. (   )

　　⑩ 소리 내서 읽으니 더 잘 외워진다.

Ⅴ. 문제 해결하기

21. 나는 어려운 문제를 풀 때 여러 방법을 써본다. (   )

　　⑩ 덧셈으로 안 되면 그림을 그려본다.

22. 나는 시간이 걸려도 끝까지 풀려고 한다. (   )

　　⑩ 힘든 문제도 쉽게 포기하지 않는다.

23. 나는 어려운 문제에 도전하는 걸 좋아한다. (   )

　　⑩ 쉬운 문제보다 퍼즐 같은 어려운 걸 푼다.

24. 나는 새로운 공부를 해보는 걸 좋아한다. (   )

　　⑩ 처음 보는 영어 단어도 써보려고 한다.

25. 나는 공부 방법을 알고, 필요하면 바꿀 수 있다. (   )

　　⑩ 쓰기만 하던 걸 말로 외우기로 바꾼다.

VI. 점검·정리·환경

26. 나는 공부하면서 이해했는지 스스로 물어본다. (   )

　　예 "이 문제 답을 내가 설명할 수 있을까?"라고 생각한다.

27. 나는 공부한 것을 다시 정리하거나 복습한다. (   )

　　예 오늘 배운 한자를 다시 써본다.

28. 나는 모르는 건 표시해두고 질문할 준비를 한다. (   )

　　예 어려운 문제에 별표 해두고 선생님께 물어본다.

29. 나는 모르는 건 책이나 자료에서 찾아본다. (   )

　　예 국어사전에서 뜻을 찾아본다.

30. 나는 공부할 때 방해되는 걸 스스로 치운다. (   )

　　예 게임기를 치워놓고 책상에 앉는다.

120점 이상(매우 잘해요!)

→ 와! 스스로 공부하는 습관이 잘 잡혀 있어요. 앞으로도 지금처럼 꾸준히 하면 돼요.

90~119점(잘하고 있어요)

→ 기본 습관은 잘 되어 있어요. 하지만 가끔 놓치는 부분이 있어요. 부족한 부분을 조금
　 만 더 신경 쓰면 훨씬 좋아질 거예요.

60~89점(조금 더 노력이 필요해요)

→ 스스로 공부하는 힘이 아직 약해요. 공부 계획 세우기, 집중하기, 모르는 것 질문하기
　 를 조금씩 연습해보세요. 부모님과 함께하면 좋아요.

59점 이하(시작이 필요해요)

→ 혼자 공부하는 습관이 아직 잘 안 잡혔어요. 부모님, 선생님의 도움을 받으면서 작은 목
　 표부터 시작하면 점점 좋아질 수 있어요.

아이 친구 엄마들과
관계를
꼭 유지해야 할까?

"아이 친구 엄마들과의 관계가 제일 어렵습니다. 괜히 거리를 두면 소외될까

걱정돼요. 부모끼리의 관계는 늘 조심스럽고 피곤하게 느껴질 때가 많습니다."

초등학교에 입학하거나 새 학년이 되면, 아이의 친구 엄마들과 새
롭게 만나게 됩니다. 이 관계에 대해 많은 부모가 고민하기에 관련
책도 나오고, 유튜브에도 영상이 넘쳐납니다. 저까지 말을 보탤 필
요가 있을까 싶지만, 저의 경험을 조금 나눠보겠습니다.

사람들은 저를 굉장히 활동적이고 외향적인 사람으로 보곤 합니

다. 하지만 사실 저는 MBTI에서 I가 99퍼센트 나오는 내향형 인간입니다. 방학 한 달을 집에서만 지내도 전혀 답답하지 않은 사람이죠. 다만 학교를 다니며 수많은 발표와 토론을 통해, 그리고 교사로서 매년 새로운 학부모·학생·동료 교사를 만나면서, 강의와 유튜브 활동을 하면서 '외향형 가면'을 하나씩 만들어 썼죠.

이런 저에게도 친구 관계는 쉽지 않습니다. 먼저 말을 걸고 관계를 이어가는 게 늘 어렵더군요. 반대로 저희 어머니는 아주 외향적이어서 어디서든 금세 사람들과 친해집니다. 어릴 적에는 엄마 덕분에 놀이터에서 친구를 사귀기도 했습니다. 그래서 아이를 키우는 제게 '엄마들끼리 아이를 키우면서 나눌 수 있는 게 있으니, 거리를 두려고만 하지 마라'고 조언했어요.

저도 아이를 키우면서 관계의 필요성을 절감했습니다. 제 아이는 활동적이고 친구와 어울리기를 좋아하지만, 불안이 높아 먼저 말을 걸기 어려워했습니다. 저는 낯선 사람을 대하며 긴장과 어색함을 견디느니 혼자가 낫다고 여기는 사람이지만, 아이의 문제 앞에서는 회피할 수가 없었어요.

그래서 아이가 어린이집과 유치원에 다니던 시절, 저는 하루에 2시간에서 많게는 6시간씩 놀이터에 나가 있었습니다. 또래 아이 엄마들에게 다가가 "안녕하세요, ○○ 엄마예요" 하고 먼저 인사를 건넸습니다. 그렇게 친구들을 집에 초대하고 키즈카페에 가면서, 아이도 '아, 이렇게 말을 거는 거구나'를 조금씩 배워갔습니다.

이후 초등학교 입학을 앞두고 이사를 했을 때도 마찬가지였습니다. 새로운 동네 놀이터에서 어색함을 무릅쓰고 엄마들에게 인사를 건넸습니다. 아이가 새로운 환경에서 조금이라도 편안하게 적응할 수 있도록 뒷받침해주고 싶었거든요. 퇴근 후 곧장 놀이터로 가느라 저녁 준비가 늦어지기도 했지만, 아이가 안정될 때까지는 꼭 필요한 시간이었습니다.

선을 긋지 말고 자연스럽게 얼굴을 트세요

물론 갈등도 있었습니다. 아이가 놀림을 받거나, 돈 혹은 간식 문제로 속상해할 때 그 갈등이 부모들 사이의 갈등으로 번지기도 했습니다. 그래서 놀이터에 나가는 것이 싫고 불안할 때도 있었습니다.

하지만 한편으로는 아이들 사이에 문제가 생겼을 때, 얼굴을 트고 있는 학부모가 있다는 것만으로도 대화가 조금은 편해졌습니다. 또 학교생활과 관련해 궁금한 게 생겼을 때 물어볼 사람이 있다는 점에서도 든든했습니다.

제 경험을 바탕으로 조언드리고 싶은 건, 굳이 관계를 맺기도 전에 선을 긋고 거리를 두지 않아도 된다는 것입니다. 물론 속 이야기나 가정사를 다 털어놓을 필요도 없습니다. 특히 아이 자랑, 남편 자랑, 시댁 자랑 같은 이야기는 불필요합니다. 때로는 내 이야기가 부메랑이 되어 아이에게 돌아올 수 있기 때문입니다.

또한 아이들 사이의 갈등은 엄마들 사이에서 전혀 다르게 해석될 수 있습니다. 내 입장에서는 심각한 문제여도, 다른 부모는 대수롭지 않게 생각하거나, 오히려 내 아이에게 책임이 있다고 생각할 수도 있습니다. 그럴 때는 상처받을 수도 있지만, 그것 또한 관계의 한 부분으로 받아들이는 수밖에 없습니다.

결국 중요한 건 내 아이를 단단히 챙기는 일입니다. 아이에게 친구 관계를 맺는 방법을 보여주고, 때로는 엄마가 먼저 인사를 건네며 안전한 울타리를 마련해주는 것, 그것이 부모가 할 수 있는 역할입니다.

그리고 부모들 간의 관계는 깊고 진한 우정이 아니어도 괜찮습니다. 얼굴만 아는 정도, 가볍게 인사하는 정도의 관계라도 아이와 부모 모두에게 분명히 도움이 됩니다.

🌱 핵심 코칭   아이 친구 엄마들과의 관계 체크리스트

1) 하지 말아야 할 말·행동

- [ ] 가정사를 깊게 털어놓지 않는다.(언젠가 부메랑이 되어 돌아올 수 있다.)
- [ ] 아이·남편·시댁·친정 자랑은 삼간다.(불필요한 불편함을 만든다.)
- [ ] 다른 아이·가정에 대한 험담은 하지 않는다.(작은 말이 큰 갈등으로 번진다.)
- [ ] 아이를 비교하지 않는다.("누구는 잘한다"는 말은 상처가 된다.)

☐ 학원·수업 정보는 필요 이상 숨기거나 과하게 자랑하지 않는다.

☐ 학원·성적 이야기는 상대가 편한 만큼만 나눈다.(원치 않는 사람에게 캐묻지 않는다.)

☐ 나만 맞다는 식으로 내 생각을 강요하지 않는다.(모두 생각이 다를 수 있다.)

☐ 관계에 과하게 매달리지 않는다.(내 생활·가정이 우선순위에 있다.)

2) 갈등 상황에서

☐ 아이들 갈등은 부모 갈등으로 키우지 않는다.

☐ 생각이 다를 수 있음을 인정한다.(내겐 큰일이어도 상대는 다르게 볼 수 있다.)

☐ 내 아이 태도를 먼저 점검한다.

☐ 감정적으로 대응하지 않는다.(잠시 멈추고 차분할 때 이야기한다.)

3) 단톡방·카톡에서

☐ 즉흥적·감정적인 글은 올리지 않는다.

☐ 밤늦은 시간, 이른 아침 연락은 자제한다.

☐ 이모티콘·농담도 조심한다.(글은 말투가 없어 오해될 수 있다.)

☐ 사진·영상 공유 시 다른 아이 얼굴이 나오면 함부로 올리지 않는다.

☐ 사적인 부탁(대신 준비물 챙기기, 숙제 확인 등)은 자제한다.

4) 관계 유지하기

☐ 너무 가깝지도, 너무 멀지도 않게, 굳이 먼저 선을 그을 필요도, 과하게 연결될 필요도 없다.

☐ 지속적 관계는 자연스럽게 유지하고 억지로 이어가려 하지 않는다.

학부모 상담은 언제 어떻게 신청해야 할까?

"학부모 상담을 신청하는 것도 부담스럽고, 그렇다고 신청을 안 하려니 아이의 학교생활이 궁금합니다. 상담 자리에서는 무슨 질문을 해야 할지 잘 모르겠고, 짧은 시간 동안 중요한 이야기를 놓칠까 두렵습니다."

아이의 학교생활이 궁금할 때 담임 선생님께 학부모 상담을 요청해도 될지 고민하는 사람이 많습니다. 제 유튜브에서 가장 많은 조회수를 기록한 것도 '학부모 상담' 관련된 영상입니다. 그만큼 고민을 많이 하고, 교사와의 관계를 불편하게 여긴다는 얘기겠죠. 많은 부모님이 상담을 신청하는 것 자체부터 부담스럽다고 느낍니다.

저 역시 학부모로서 아이의 담임 선생님이 편하지는 않습니다. 아주 조심스럽죠. 정해진 상담 기간이 아닌데 상담을 요청하면 유난스럽게 보이지 않을까 걱정이 되기도 합니다.

학부모 상담에 지나치게 큰 의미를 부여할 필요는 없습니다. 상담은 서로 말을 트고 협력의 출발점을 만드는 자리이기도 합니다. 담임 교사와 아이에 대해 대화를 나누는 시간이라고 생각하세요.

정기적인 상담이 아닌 수시 상담도 가능합니다. 대표적으로 이런 상황에서는 반드시 상담을 요청하는 것이 좋습니다.

- 아이가 집에서 특정한 걱정이나 고민을 자주 이야기할 때
- 아이가 학교에서 갑자기 행동이 달라졌을 때
- 성적이 떨어지거나 친구 관계에서 어려움을 겪을 때
- 부모가 가정에서 도와주고 싶은데 방법을 모를 때
- 학교생활이 궁금할 때

다만 먼저 가정통신문, 알림장, 공지사항 등 기본적인 정보를 확인한 뒤 상담을 신청하는 것이 바람직합니다.

상담 방식은 대면과 전화 두 가지가 있는데, 학부모가 편한 방법을 선택하면 됩니다. 직접 만나서 당부나 부탁을 하고 싶다면 대면 상담이 좋고, 이미 얼굴을 본 적 있고 간단히 확인할 내용이라면 전

화 상담도 충분합니다.

　요즘은 교사들이 개인 번호를 공유하지 않기 때문에, 학교 대표전화를 통해 학급 내선으로 연결하거나, 학급에서 사용하는 앱을 통해 상담을 요청하는 경우가 많습니다. 교사 입장에서 가장 권장하는 방법은 학급 앱으로 메시지를 보내는 것입니다.

　이때 유의할 점이 있습니다.

　"선생님, ○○엄마입니다. 학부모 상담 신청하고 싶습니다."

　이렇게만 메시지를 보내면 교사 입장에서는 긴장될 수 있습니다. '혹시 무슨 문제로 큰 항의를 하려는 건 아닐까', '혹시 오해가 생겨 불미스러운 상황으로 이어지지는 않을까' 하고 방어적인 마음이 앞서게 됩니다.

　이렇게 방어적인 태도로 상담이 시작되면, 정작 아이를 위해 서로 도움이 되는 대화로 이어지기 어렵습니다. 따라서 상담을 신청할 때는 간단하게라도 용건을 밝혀주는 것이 좋습니다.

　"선생님, ○○가 친구 ○○와 갈등이 있었던 것 같아 관련해서 상담을 요청드리고 싶습니다."

　이렇게 '인사 → 상담 이유 → 아이의 어려움 → 상담 방식(전화·방문)' 순으로 간단히 전하면 됩니다. 이 정도만 덧붙여도 교사가 불필요한 오해를 하지 않겠죠.

　학부모 상담의 가장 큰 목적은 가정과 학교가 아이에 대한 정보를 공유해 함께 지도하는 데 있습니다. 상담은 칭찬만 하는 자리가 아니라 아이의 강점과 약점, 앞으로 필요한 부분들을 나누는 시간입니다. 만약 학교에서 연락이 오면 '문제가 생긴 게 아닐까?'라는 불안한 마음이 들 수 있지만, 오히려 도움되는 피드백을 주고받는 기회로 만들어보세요.

교사와 열린 마음으로 대화를 시작하는 법

상담을 요청할 때는 학교나 교사에 대한 불만을 전달하기보다 '우리 아이가 더 즐겁고 건강하게 학교생활을 했으면 좋겠다'는 본래의 목적을 생각하고 전달하는 것이 중요합니다. 만약 학교에 따지고 싶은 일이 있다면, 그것도 본심은 우리 아이가 학교생활을 더 잘했으면 좋겠다는 마음이잖아요.

학교에서 아이의 모습은 가정에서의 모습과 다를 수 있지만 그 모습을 학부모에게 모두 전하는 것이 교사 입장에서도 부담스럽습니다. 그러니 "가정에서의 모습과 다를 수 있다는 것을 알고 있으니 아이를 키울 때 도움받을 수 있게 솔직하게 말씀해주셔도 좋습니다"와 같이 부모가 먼저 열린 태도로 다가가면, 아이를 위한 건설적인 대화를 나누기가 훨씬 수월해집니다. 그래야 아이를 위해 함께 해결책을 찾는 협력적 관계가 형성됩니다.

학교에 전화를 하자마자 "선생님, 저희 아이가 다친 거 알고 있으세요?"라고 말하는 학부모가 있습니다. 교사 입장에서 이런 질문은 어떻게 대답해도 실패하게 만드는 질문입니다. "알고 있습니다"라고 해도, 알고 있는데 학부모에게 연락도 하지 않았다는 식으로 이어지고요. '모르고 있었다'고 하면 교실에서 일어난 일을 모르고 있는 교사가 되기 때문이죠.

학부모는 심각하게 받아들이지만 교사는 교실에서 충분히 일어날 수 있는 일로 여길 수 있습니다. 또 교실에서 일어난 일이지만 모르고 넘어갈 수도 있어요. 그래서 "선생님, 저희 아이가 교실에서 무릎을 다쳐 왔는데, 어떻게 된 일인지 궁금해서 연락했습니다"라고 하는 게 낫습니다.

상담을 할 때 '나 메시지'를 활용하면 효과적입니다. '나'를 주어로 마음을 솔직하게 전달하는 거죠. "궁금해서 연락드렸습니다", "걱정이 되어 상담을 요청드립니다"처럼 부모의 감정을 담담히 표현하면, 교사도 열린 마음으로 상담을 시작할 수 있습니다.

상담 자리에서 부모가 전할 세 가지

상담 시간에 부모가 전해야 할 내용은 크게 세 가지로 정리할 수 있습니다.

첫째, 가정에서의 모습을 공유하세요. 집에서 동생과 갈등이 잦다거나, 특정 상황에서 예민해지는 모습 등 가정에서 보이는 특징을 알려주면, 담임 교사가 아이를 더 깊이 이해하고 지도하는 데 큰 도움이 됩니다.

둘째, 학교생활에 대해 질문하세요. 아이의 수업 참여 태도, 친구 관계, 급식 시간 모습, 발표 태도 등 구체적으로 물어보세요. "가정에서 더 신경 써야 할 부분이 있을까요?"라고 물으면, 담임 교사로부터 아이에게 맞는 현실적인 피드백을 얻을 수 있습니다.

셋째, 도움을 요청할 부분이 있다면 부탁을 전해볼 수 있습니다. 예를 들어, "채소를 잘 안 먹으니 급식 시간에 한 번 더 권해주세요", "집에서 게임 시간을 줄이려 하는데 선생님께서도 한말씀 해주시면 도움이 될 것 같습니다"와 같이 요청하면, 교사의 지도와 가정의 노력이 시너지 효과를 낼 수 있습니다.

상담이라고 해서 아이의 모든 것을 털어놓아야 하는 것은 아닙니다. 물론 이야기를 해서 담임 교사가 아이를 더 깊이 이해하면 아이에게 좋을 수 있습니다. 하지만 부모의 마음이 편한 것도 중요하죠. 부모로서 꺼내기 힘든 문제(가정사, 병력, 질병 등)가 있다면 무리해서 말할 필요는 없습니다. 필요할 때, 관련 문제가 실제로 드러났을 때, 혹은 부모 마음이 안정되어 아이에게 꼭 필요하다고 느껴질 때 담임 교사에게 말하세요.

하지 않는 것이 좋은 말도 있습니다. 먼저 전 담임 선생님에 대한 험담은 피하는 것이 좋습니다. 불만을 이야기하기보다 "숙제 습관을 잘 잡을 수 있도록 관리 부탁드립니다"처럼 욕구 중심으로 표현하는 편이 훨씬 효과적입니다. '내 아이는 절대 그럴 리 없다'고 장담하는 것도 피해야 합니다. 상황에 따라 아이의 모습은 달라질 수 있기에 겸손한 태도로 이야기를 나누는 것이 바람직합니다.

마지막으로, 담임 교사에게는 긍정적인 피드백을 전해주길 권합니다. "아이가 학교 가는 걸 좋아해요", "이번 활동이 많이 도움이 되었어요" 같은 말들은 교사에게 큰 힘이 되고 책임감을 더 느끼게 해줍니다.

물론 때로는 부모 입장에서 서운하거나 걱정되는 점이 있을 수 있습니다. 그럴 때는 그것이 아이에게 정말 심각한 피해인지, 오히려 배움의 기회가 될 수 있는지 한 번 더 생각해보는 것이 필요합니다. 모든 것을 내 뜻대로 바꿀 수는 없지만, 교사와 협력해 아이를 위한 최선의 해결책을 찾으려는 태도가 중요합니다.

결국 학부모 상담의 핵심은 상담을 요청하느냐 마느냐가 아니라, 어떤 태도로 요청하고 소통하느냐입니다. 부모의 진짜 마음, 즉 '아이의 학교생활을 더 즐겁고 성장하는 계기로 만들고 싶다'는 목표를 담아 요청한다면, 자연스럽게 진정성 있는 대화가 이루어질 수 있습니다.

- 안녕하세요, 선생님. 저는 ○○○의 부모입니다. 최근 아이가 집에서 '학교에서 ○○ 때문에 힘들다'고 이야기하는데, 혹시 학교에서는 어떤 상황인지 알고 싶어서 연락드립니다. 선생님께서 가능하신 시간에 짧게라도 상담할 수 있을까요? 감사합니다.

- 안녕하세요, 선생님. ○○○ 부모입니다. 아이가 최근 학습(또는 친구 관계)에서 어려움을 겪고 있는 것 같아 선생님의 의견을 듣고 싶습니다. 혹시 가능하시면 짧게 상담 가능할까요? 바쁘신데 감사합니다.

- 안녕하세요, 선생님. 저는 ○○○의 부모입니다. 최근 들어 아이가 학교생활에 대해 힘들다는 이야기를 자주 하고 있습니다. 현재 아이의 수업 태도나 교내 생활에 관해 좀 더 자세히 알고 싶어 선생님과 직접 상담하고자 합니다. 선생님께서 시간 가능하신 날짜를 알려주시면 맞춰서 방문드리겠습니다.

- 안녕하세요, 선생님. 저는 ○○○의 부모입니다. 아이가 요즘 친구들과의 관계에 대해 조금 불편한 점이 있는 것 같아 선생님의 의견을 듣고자 상담 요청드립니다. 교실에서의 아이의 모습을 선생님께 직접 여쭤보고 싶습니다. 가능한 날짜와 시간 말씀해주시면 방문하겠습니다.

상담 요청 시 꼭 기억하세요!
- 아이를 위한다는 상담의 본질과 목표 기억하기
- 학교나 교사를 비판하는 태도를 피하고 도움을 받고 싶다는 마음을 전달하기
- 열린 마음으로 상담에 임하기

결석, 조퇴 등
꼭 알려야 할 사항은
어떻게 전할까?

"아이가 갑자기 아프거나 조퇴를 해야 할 때, 담임 선생님께 어떻게 알려야 할지 늘 고민이 됩니다. 너무 짧게 쓰면 무례해 보일까 걱정되고, 전화를 해야 할지 메시지를 보내야 할지도 고민 거리입니다. 아이에게 전할 사항이 생겼을 때도 선생님께 전달해달라고 해야 하는데, 불편해하실까 걱정돼요. 선생님과의 관계는 가까우면서도 먼 것 같아요."

아이를 키우다 보면 갑작스러운 결석이나 조퇴는 피할 수 없는 일입니다. 아침에 일어나 보니 아이가 열이 나서 등교를 못 하는 경우도 있고, 병원 진료를 위해 조퇴를 하거나, 가족 행사가 있어 학교를 빠져야 할 때도 있습니다. 그럴 때 부모는 담임 교사에게 상황을 알리게 되죠.

꼭 결석이나 조퇴가 아니더라도 교사에게 전해야 하는 일이 종종 생깁니다. 학교에서는 아이가 휴대폰을 쓸 수 없으니, 아이에게 전하고 싶은 말이 있어도 교사를 거쳐야 합니다. 예를 들어 아침에 아이가 춥다고 해서 두꺼운 옷을 보안관실에 맡겨 두었는데, 이를 어떻게 교사에게 전달해야 할지 망설여질 때가 있습니다.

저 역시 교사로 근무할 때는 학부모들에게서 "약을 꼭 먹으라고 전달 부탁드립니다", "아이의 점퍼가 교실에 있는지 확인해주시면 감사하겠습니다" 같은 메시지를 받곤 했습니다. 그리고 별 어려움 없이 학생에게 전해줬죠. 그런데 막상 학부모 입장이 되어 직접 메시지를 보내려니 달라졌습니다. 내가 너무 과보호하는 건 아닌가, 이런 부탁까지 드려도 될까, 이런저런 걱정이 앞서더라고요.

물론 아이가 스스로 챙기도록 하는 것이 기본적으로 길러야 할 태도입니다. 하지만 아이의 건강이나 안전처럼 꼭 필요한 경우라면, 부모가 담임 교사에게 부탁하는 것은 할 수 있는 일입니다. 과도하지만 않다면, 필요한 상황에서는 교사에게 도움을 요청하면 됩니다.

간단하고 정중한 메시지를 보내세요

그렇다면 부모는 어떤 태도로 메시지를 전하면 좋을까요? 핵심은 '간단하고 정중하게'입니다. 전화를 해도 되지만, 보통 교사는 학생들을 챙기느라 정신이 없고, 요즘은 교사 개인 전화번호를 공개하지 않죠. 그래서 주로 학급 앱을 통해 메시지를 보냅니다.

교사가 확인하는 것은 단 세 가지입니다. 누가(아이 이름), 언제(날짜) 그리고 무엇(사유) 때문인가입니다. 이 세 가지가 명확하게 담겨 있다면, 충분히 예의 바르고 명료한 메시지가 됩니다. 여기에 "빠른 회복 후 등교하겠습니다"나 "확인 부탁드립니다, 감사합니다" 같은 짧은 마무리 문장을 덧붙이면, 불필요한 오해 없이 따뜻하게 전달할 수 있습니다.

다만 메시지를 보낼 때는 시간을 고려해야 합니다. 늦은 밤이나 새벽에 보내는 것보다는 아침 등교 전, 선생님이 확인하기 좋은 시각에 보내는 것이 바람직합니다.

만약 아이가 결석을 해야 하는데 필요한 증빙 서류가 있다면 학교에 가져가야겠죠. 보통 1~2일 결석은 학부모 소견이나 약국 봉투 정도로도 가능합니다. 3일 이상 결석할 경우에는 진료 확인서나 의사 처방전 등이 필요합니다.

 결석, 조퇴 알리기/물품 전달하기

1) 결석(병결)

- 선생님, 안녕하세요. ○○가 오늘(○월 ○일) 발열로 등교가 어렵습니다. 빠른 회복 후 내일은 등교할 수 있도록 하겠습니다.

2) 결석(가정 사유)

- 선생님, 안녕하세요. ○○가 오늘(○월 ○일) 가족 행사 참석으로 부득이하게 결석하게 되었습니다.

3) 조퇴(건강)

- ○○가 수업 중 두통이 심해 ○시경 조퇴하려 합니다. 병원 진료 후 경과 알려드리겠습니다.

4) 옷이나 물품 전달

- 오늘 아침 ○○이 추워해서 두꺼운 점퍼를 보안관실에 맡겼습니다. 쉬는 시간에 교실에서 찾을 수 있도록 전달해주시면 감사하겠습니다.

체험학습 신청과 보고서는 어떻게 하면 좋을까?

"아이와 함께 체험학습을 다녀오면 학교에 보고서를 제출해야 하는데,

그게 늘 고민입니다. 어떻게 쓰라고 알려줘야 할까요?

아니면 그냥 제가 짧게 써서 제출해도 될까요?"

연휴가 많은 5월에는 특히 가족여행이나 친척 방문, 박물관·놀이공원 체험 등으로 체험학습을 신청하는 경우가 많습니다. 학교마다 조금씩 다르지만 보통 1년에 약 20일 정도는 체험학습일로 인정되어 결석 처리되지 않습니다.

체험학습은 원칙적으로 일주일 전, 늦어도 3일 전까지 신청해야

합니다. 담임 교사가 결재를 올리고, '부장교사-교감-교장'으로 이어지는 행정 절차가 필요하기 때문입니다.

신청서는 학교 홈페이지에서 양식을 내려받아 인쇄하거나, 학급 앱·학교 앱으로 제출할 수 있습니다. 집에서 인쇄가 어려운 경우에만 담임에게 부탁할 수 있으며, 대부분은 가정에서 준비하는 것이 원칙입니다. 요즘은 학급 앱을 통해 신청하고 보고서도 제출할 수 있어, 저는 그 방법이 더 편하긴 하더라고요.

체험학습 보고서를 '형식적인 절차'로 생각해 대충 작성하기 쉽습니다. 그러나 보고서는 아이가 체험을 정리하고 글로 표현해보는 기회입니다. 단순히 결석 사유를 증빙하는 종이가 아니라, 아이가 무엇을 경험했고 어떤 점을 배웠는지를 돌아보게 하는 중요한 과정입니다.

일기처럼 생각하세요　　보고서는 일기처럼 생각하면 부담이 줄어듭니다. 사진을 붙여 제출해도 좋고, 글만 작성해도 무방합니다. 한두 줄로 간단히 쓴다고 해서 문제가 되지는 않지만, 아이와 대화를 나누며 정성스럽게 정리한다면 훨씬 더 의미 있는 시간이 됩니다.

체험학습 보고서는 크게 다음과 같은 흐름을 갖추면 됩니다.

- 언제, 어디서, 누구와 무엇을 했는가
- 가장 기억에 남는 활동이나 장면은 무엇인가
- 그 활동에서 느낀 점은 무엇인가
- 아쉬운 점이나 다시 하고 싶은 점은 무엇인가

서술형으로 풀어 써도 좋고, 간단히 개조식으로 정리해도 괜찮습니다. 체험학습은 반드시 특별한 장소에 가야 하는 것은 아닙니다. 가까운 곳에서 자연을 보거나, 조부모님과 시간을 보내거나, 가족과 함께 추억을 쌓는 것만으로도 충분히 훌륭한 체험학습이 됩니다. 중요한 것은 아이가 경험을 정리하고 표현하며 의미를 발견하는 과정입니다. 그 경험을 아이의 글쓰기 능력과 정서 성장으로 연결하는 게 체험학습의 진짜 의미입니다.

아이와 함께 다음 질문에 답해보며 말로 정리한 후, 그 내용을 바탕으로 글쓰기를 해보세요. 쓰기 전 말하기는 글의 완성도를 높여줍니다.

- 언제, 어디를 다녀왔나요?
- 가장 먼저 본 것은 무엇이었나요?
- 인상 깊었던 활동은 무엇이었나요?
- 처음 해보는 일이 있었나요? 어떤 기분이 들었나요?
- 체험하면서 새롭게 알게 된 점이 있나요?
- 다음에 또 간다면 어떤 걸 해보고 싶나요?
- 오늘 체험을 한마디로 표현한다면?(예 "잊지 못할 하루였어요!")

이 질문에 답해보면 아이가 '보고서를 위한 사고 흐름'을 자연스럽게 따라갈 수 있어요. 학년과 상황에 맞게 조절하여 쓰기 전 활동으로 적극 활용해보세요.

예시 문장

1) 날짜와 장소 소개: 지난 주말, 가족과 함께 ○○에 다녀왔습니다. ○월 ○일, ○○ 체험학습을 다녀왔습니다. ○○을(를) 체험하러 갔습니다.

2) 체험 내용 간단 정리: 우리는 먼저 ○○를 보고 설명을 들었습니다. ○○에서 직접 ○○을 만들어보았습니다. 가족과 함께 ○○하는 활동을 했습니다.

3) 인상 깊었던 장면: 그중 가장 기억에 남는 건 ○○이었습니다. ○○을 처음 해봤는데, 생각보다 어렵고 신기했습니다. ○○ 선생님이 들려준 이야기가 특히 재미있었습니다.

4) 느낀 점: ○○에 대해 더 많이 알게 되어 뿌듯했습니다. 그냥 책으로만 볼 때와는 다른 느낌이었습니다. 처음엔 조금 어려웠지만, 끝내고 나니 뿌듯했습니다. 환경의 소중함을 다시 생각하게 되었습니다.

5) 마무리 감상: 다음에 가족과 또 오고 싶다고 생각했습니다. 이런 체험학습이 더 자주 있었으면 좋겠습니다. 오늘의 경험을 잊지 않고 오래 기억하고 싶습니다.

체험학습 보고서 예시

제목: 할머니 댁에서 보낸 평범하지만 따뜻한 하루

주말에 엄마, 아빠와 함께 할머니, 할아버지 댁에 다녀왔습니다. 시골은 아니고 우리 집과 비슷한 아파트에 살고 계시지만, 그 집에 가면 항상 따뜻한 냄새가 납니다.

할머니는 내가 좋아하는 김치볶음밥을 해주셨습니다. "우리 ○○ 왔으니 얼른 밥부터 먹어야지!" 하고 웃으시는 할머니의 얼굴을 보니, 나도 덩달아 기분이 좋아졌습니다.

식사를 마친 뒤 할아버지와 함께 동네 산책을 나갔습니다. 평소에 그냥 지나치던 공원이었지만, 할아버지와 걷는 길은 다르게 느껴졌습니다. 할아버지는 나무 이름을 하나하나 알려주시며, "이건 느티나무야. 나 어릴 땐 이 나무 그늘 아래서 책도 읽었단다"라고 하셨습니다.

돌아와서는 할머니와 같이 TV 드라마도 보고, 과일도 깎아 먹으며 시간을 보냈습니다. 특별한 일은 없었지만, 할머니 할아버지와 함께 있는 것만으로 마음이 포근해졌습니다.

가까운 곳에서도 가족과 함께한 시간은 소중하다는 것을 다시 느꼈습니다. 다음에는 내가 간식을 준비해서 찾아가고 싶습니다.

체험학습 보고서 개괄 예시

• 주제: 놀이공원 체험

• 체험 장소: ○○ 놀이공원

• 체험일: 202○년 ○월 ○일

• 누구와: 가족과 함께

• 내용 요약: 신나는 놀이기구를 직접 체험하면서 '재미'뿐 아니라 '과학 원리'와 '안전 규칙'의 중요성도 배웠습니다. 무섭다고 생각했던 롤러코스터에 도전하며 용기도 얻었고, 공공장소에서의 예절도 체험할 수 있는 유익한 시간이었습니다.

공개 수업 참관록은
어떻게 쓸까?

"공개 수업이 끝나면 학부모 참관록을 제출해야 하는데, 그게 늘 고민입니다.

뭐라고 써야 할지 막막합니다."

우리 아이가 평소에 학교생활을 어떻게 하고 있을까? 궁금해서 공개 수업을 갑니다. 아이가 의자에 앉아 수업을 듣고 있는 모습만 봐도 기특합니다.

사실 이때 아이의 수업 태도는 평소 태도보다 3배 이상 좋습니다. 신기하게도 부모님이 눈앞에 보이는 순간 아이들은 순한 양이 됩니다. 살짝살짝 뒤를 쳐다보며 평소 들지 않던 손을 드는 모습도 귀엽습니다.

그렇게 공개 수업을 보고 나서 써야 할 것이 있죠. 공개 수업 참관록이에요. 물론 간단하게 써도 상관없어요. 하지만 어떻게 써야 할지 막막해하는 부모도 있습니다. 여기서는 가장 기본적인 방법을 설명하겠습니다.

우선 공개 수업 참관록에서 지켜야 할 기본 원칙이 있습니다.

- 수업 전체를 평가하기보다는 느낀 점과 감상을 중심으로 씁니다.
- 비판보다는 관찰한 점과 인상 깊었던 장면을 중심으로 씁니다.
- 아이에 대해 관찰한 점을 적고, 개선은 제안처럼 부드럽게 전달합니다.

1) 수업 분위기 및 전반적 인상

- 아이들이 전체적으로 집중하며 수업에 임하는 모습이 보기 좋았습니다.
- 선생님의 목소리 톤이 안정적이어서 아이들이 편안하게 수업에 몰입할 수 있는 분위기 였습니다.
- 교실 전체가 활기차고 아이들이 수업을 즐기는 분위기였습니다.
- 수업을 통해 아이들이 서로 협력하며 문제를 해결하는 모습이 인상 깊었습니다.
- 전반적으로 따뜻한 분위기에서 아이들이 안정감 있게 수업에 임하는 것을 느꼈습니다.
- 칠판 정리가 깔끔해서 수업 내용을 따라가기에 매우 편리했습니다.
- 선생님의 한마디 한마디가 아이들의 집중력을 끌어내는 것을 느낄 수 있었습니다.
- 발표하는 친구를 응원하고 기다려주는 교실 분위기가 참 따뜻했습니다.
- 수업에서 배운 내용을 아이가 직접 설명하며 복습하는 모습이 보기 좋았습니다.
- 아이들이 활동 속에서 배움을 즐기는 모습이 강하게 느껴졌습니다
- 수업 속에서 아이에 대한 선생님의 애정을 느낄 수 있었습니다.
- 아이들의 반응을 살펴보며 유연하게 수업을 이끄시는 모습이 좋았습니다.
- 아이들에게 말할 기회를 자주 주시는 모습이 좋았습니다.
- 선생님의 목소리와 표정에서 수업에 대한 열정이 전해졌습니다.

2) 내 아이의 참여 및 반응

- 평소에는 말이 적은 아이인데, 조별 활동에서 자연스럽게 이야기를 나누는 모습이 보기 좋았습니다.
- ○○가 문제를 해결하는 과정에서 친구들과 협력하며 노력하는 모습이 인상 깊었습니다.
- 평소 발표를 어려워하는 아이가 손을 들고 의견을 말하는 모습에 감동받았습니다.
- ○○가 수업에 적극적으로 참여하는 모습을 직접 볼 수 있어 기뻤습니다.
- ○○가 조별 활동에서 친구들과 소통하며 문제를 해결하는 모습이 인상 깊었습니다.
- ○○가 발표는 하지 않았지만, 조용히 필기를 하며 수업을 따라가는 모습이 보기 좋았습니다.
- ○○는 발표 전에는 긴장한 듯했지만, 친구들의 응원 속에서 용기 내어 이야기하는 모습이 인상 깊었습니다.

- ○○가 수업 내내 조용히 경청하고 필기하는 모습이 인상 깊었습니다.
- 수업 중 선생님과 눈을 마주치며 대화하는 아이의 모습이 인상 깊었습니다.

3) 교사에 대한 감사와 응원

- 오늘 수업을 준비해주신 선생님께 감사드립니다.
- 평소 아이가 학교 이야기를 자주 하는데, 오늘 그 이유를 알게 되었습니다.
- 아이가 선생님을 믿고 따르는 모습이 보기 좋았습니다.
- 우리 아이뿐만 아니라 모든 아이들이 수업을 즐기는 모습이 인상 깊었습니다.
- 수업을 통해 아이가 더 자신감을 갖게 될 것 같아 좋았습니다.
- 교실 안의 따뜻한 분위기가 느껴져서 안심이 되었습니다.
- 항상 아이들을 위해 애써주셔서 감사드립니다.
- 수업을 보고 나니, 선생님에 대한 신뢰가 더 커졌습니다.
- 선생님 덕분에 아이의 학교생활이 더욱 기대됩니다. 감사합니다.
  > **예** 오늘 수업을 통해 아이들이 적극적으로 수업에 참여하는 분위기를 느낄 수 있었습니다. ○○도 조별 활동에서 친구들과 협력하는 모습이 보기 좋았고, 선생님께서 아이들의 의견을 존중해주시는 모습이 인상 깊었습니다. 바쁘신 중에 수업을 공개해주셔서 감사합니다.

4) 조심해야 할 표현

단순히 부정적인 표현보다는 긍정적인 부분과 함께 연결하여 제안하면 좋습니다.

- 선생님 말씀이 너무 빠르고 아이들이 못 따라가는 것 같았어요. (×)
- 수업 속도가 조금 빠르게 느껴졌지만, 아이들이 흥미롭게 따라가는 모습이 보기 좋았습니다. (○)
- 그 활동은 학생들에게 지루하게 느껴질 수 있을 것 같습니다. (×)
- 다양한 자료를 활용해 설명해 주셔서 좋았습니다. 후반부에는 아이들이 직접 참여할 수 있는 활동이 좀 더 있으면 집중 유지에 도움이 될 수도 있었겠다고 느꼈습니다. (○)

2학기 학부모 상담에 어떻게 임해야 할까?

"2학기에도 학부모 상담을 신청해야 할까요?

1학기에 했는데 굳이 해야 할까 싶어요."

아이의 학교생활에 특별히 큰 문제가 없어 보인다면 상담을 꼭 신청하지 않아도 괜찮습니다. 부모가 상담을 신청하지 않아도, 담임 교사가 먼저 연락을 하기도 합니다.

그러나 2학기는 1학기와 달리 담임 교사가 아이를 더 오래 지켜본 시기입니다. 따라서 부모 입장에서는 아이의 또 다른 모습을 들을 좋은 기회가 될 수 있습니다. 담임 교사는 부모 다음으로 아이와 가장 많은 시간을 함께 보내는 사람입니다. 그렇기에 친구 관계, 학습 태도, 생활 습관 등 집에서는 알기 어려운 부분을 관찰해 전해줄 수 있습니다.

물론 상담 시간에 듣게 되는 교사의 이야기가 반드시 진실이라고 볼 수는 없어요. 교사도 사람인지라 보는 각도에 따라 다르게 해석할 수 있고, 교실 상황에 따라 아이의 모습이 달라질 수 있습니다. 그래도 가정에서는 보지 못했던 아이의 또 다른 얼굴을 발견할 수 있을 것입니다.

만약 교사가 자녀에 대해 좋지 않은 이야기를 전한다면 부모로서는 속상합니다. "우리 아이가 그런 행동을 했다고요?" 하고 당황하거나, 속상한 마음이 들 수 있죠. 그러나 교사가 전하는 피드백은 부모를 비난하기 위한 것이 아니라, 아이의 성장을 위한 협력이라고 받아들이는 게 좋습니다.

이런 질문들이 도움이 됩니다　담임 교사가 여러 이야기를 들려주겠지만, 무엇을 질문해야 할지 막막하다면 다음과 같은 질문이 도움이 됩니다.

1) 일상생활

- 활동을 끝까지 마무리하나요?

- 자기 물건이나 자리를 잘 정리하나요?

- 집에서는 짜증을 잘 내는데, 학교에서도 그런가요?

- 규칙(수업·쉬는 시간)을 잘 지키나요?

2) 학습 태도

- 수업 시간 집중을 잘 하나요?

- 적극적으로 참여하는 편인가요?

- 보완해야 할 과목이나 학습 영역은 무엇인가요?

- 연산, 쓰기 등에서 반복되는 실수가 있나요?

3) 친구 관계

- 친하게 지내는 친구가 있나요?

- 갈등 상황을 잘 해결하나요?

- 자기 의견을 잘 표현하는 편인가요?

4) 1학기와 2학기의 변화

- 1학기와 비교해 친구 관계나 수업 태도에 긍정적 혹은 부정적
  변화가 있나요?

이런 질문들을 해보세요. 교사의 답을 통해 자녀의 새로운 면을 발견하게 될지 모릅니다. 그리고 아이가 학교에서 보내는 시간을 더 깊이 이해하는 데 도움이 될 거예요.

또한 상담에서 들은 내용을 아이와 공유할 때는 긍정적인 메시지가 중심이 되어야 합니다. 잘한 점은 크게 칭찬하고, 보완할 점은 함께 계획을 세우는 방식이 좋습니다.

"발표할 때 자신감 있게 말할 수 있구나. 앞으로는 숙제를 조금 더 꼼꼼히 하면 더 잘할 수 있겠다."

이처럼 잘한 점과 보완할 점을 균형 있게 전하면, 성장 동기를 얻을 수 있습니다.

학부모 상담은 아이를 비난하거나 평가하는 자리가 아닙니다. 성장을 위한 협력의 자리입니다. 교육은 긴 호흡의 과정입니다. 상담에서 얻은 작은 단서를 바탕으로 부모와 교사가 함께 노력할 때, 아이는 매일 조금씩 성장합니다. 결국 학부모 상담의 가장 큰 힘은 신뢰와 협력입니다.

1) 상담 전 준비

- 상담 목적을 정리한다: 아이의 학습 태도, 친구 관계, 생활 습관

- 듣고 싶은 질문을 메모한다: "수업 집중은 어떤가요?", "친구들과 잘 어울리나요?"

- 아이에게 미리 알려준다: "내일 선생님이랑 네 학교생활 이야기 좀 나눌 거야. 너는 학교에서 어떤 부분이 제일 즐거워?"

2) 상담 중 태도

- 먼저 교사의 이야기를 충분히 듣는다.(중간에 끊지 않기)

- 부정적 피드백은 방어하지 않고 이야기 나누기

  → "혹시 그런 상황이 자주 있나요?"

3) 상담 후 실천

- 상담에서 들은 내용을 아이와 공유한다.

  → 잘한 점: "선생님이 네 발표 태도를 칭찬하셨어."

  → 보완점: "앞으로는 숙제를 조금 더 꼼꼼히 하면 더 잘할 수 있겠다."

- 긍정적인 면을 먼저 말한다.

  → 보완점을 나중 순서로 전달한다.

- 가정에서 할 수 있는 작은 실천을 함께 정한다.

  → "그럼 우리 오늘부터 숙제 끝나면 5분만 다시 확인해보자."

2학기 공부는 어떻게 시켜야 할까?

"2학기라 그런지 학교 행사도 많고, 날씨가 선선해지니까 밖에서 노는 시간이 많아졌어요. 1학기에는 새 학년이라 긴장도 있고 숙제도 꼬박꼬박 챙겼는데, 2학기 들어오니 아이가 '이제 괜찮아' 하면서 느슨해지는 것 같아요. 숙제도 미루고, 공부도 대충 하는 날이 늘어났어요."

1학기에는 새로운 학년, 새로운 교실, 새로운 친구들로 인해 긴장 감이 큽니다. 1학기를 무사히 마치고 나면 아이들도 학교생활에 어 느 정도 적응을 하게 됩니다. 2학기가 되면 환경에 익숙해지면서 공 부 태도가 느슨해집니다. '오늘은 숙제 안 해도 되겠지', '내일 하지 뭐' 하는 작은 느슨함이 쌓여 습관이 무너질 수 있어요.

**2학기 공부를 위한
세 가지 원칙**

2학기는 1년의 후반전이자, 다음 학년을 준비하는 시간입니다. 습관 관리 실패는 곧 다음 해 학습 격차로 이어질 수 있기 때문에 공부를 꾸준하게 할 수 있도록 도와주세요. 다음 세 가지 원칙을 지키는 게 좋습니다.

1) 루틴을 유지하라

1학기 동안 만들어놓은 공부 루틴을 반드시 유지하도록 합니다. 같은 시간에 앉고, 같은 순서로 공부하는 리듬을 잃지 않게 하는 것이 핵심입니다.

2) 작은 목표를 다시 세워라

보완해야 할 과목과 영역을 아이와 함께 구체적으로 정리하세요. 예를 들어, '국어 독해 주 3회, 수학 오답노트 주 2회'처럼 작은 목표가 좋습니다.

3) 생활 습관과 공부 습관을 함께 잡아라

2학기는 날씨가 서늘해지고 활동도 많아집니다. 피곤해지면서 집중력이 흐트러질 수 있죠.

충분한 수면, 규칙적인 생활 습관이 곧 학습 집중력으로 연결됩니다.

"열심히 해!"라는 잔소리보다 공부 습관을 체크하는 환경을 만들어주세요. 예를 들어, 같은 시간에 책상에 앉는지, 공부 시작 전에 필요한 준비물이 정리돼 있는지 확인해주세요. 당장의 실력보다 습관을 만드는 데 초점을 맞추는 것이 장기적으로 효과적입니다.

핵심 코칭 2학기 공부 습관 지키기 체크리스트

1. 생활 습관 체크

- [ ] 9시 전후 취침, 7~8시간 수면
- [ ] 아침 식사 후 등교 여부
- [ ] 운동/야외활동 주 2회 이상
- [ ] 자기 물건 스스로 정리

2. 루틴 점검표

- [ ] 매일 같은 시간에 책상에 앉는다.
- [ ] 공부 시작 전에 필요한 준비물을 스스로 정리한다.
- [ ] 해야 할 공부 과제 계획을 세운다.
- [ ] 끝난 뒤 스스로 체크(✓) 표시한다.

3. 작은 목표 세우기 연습

- 아이와 함께 주간 목표 작성(예 이번 주 내가 꼭 지킬 목표)

  국어: 독해 문제집 3회

  수학: 오답노트 2회

  영어: 단어 카드 20개 복습

- 부모 확인: 주간 목표 달성 여부 확인

생활통지표는
어떻게
봐야 할까?

"아이가 생활통지표를 받아 왔어요. 방학에 무엇을 더 보완해주어야 할지,
생활통지표를 통해 알고 싶은데 좋은 말만 가득합니다. 정말 잘하고 있다는
뜻인지, 그냥 좋은 말로 써준 건지 모르겠어요. 우리 아이가 어느 정도 수준인지
감이 안 와요."

아이가 학기마다 받아 오는 '생활통지표'에 신경이 쓰이기 마련입니다. 그런데 막상 받아보면 점수도 없고, 모호한 표현만 가득해 당황스러울 때가 많죠. 우리 아이가 잘하고 있는 건지, 부족한 건지 쉽게 감이 오지 않아 고민하는 부모가 많습니다.

우선 생활통지표와 생활기록부는 어떻게 다를까요? 생활기록부

는 학생의 출결, 교과 학습, 창의적 체험 활동, 행동 특성 등을 법적 양식에 따라 기록하는 공식 문서입니다. 초등학교뿐 아니라 중·고등학교까지 이어지고, 대입 전형에도 영향을 미치는 중요한 자료죠.

반면 학기 말에 받아오는 생활통지표는 생활기록부 중 일부 내용을 발췌해 학부모에게 알리기 위해 보내는 요약본입니다. 쉽게 말해 생활통지표는 '학교생활기록부 미리보기' 정도로 이해하면 됩니다.

과거에는 시험 성적이 성적표를 좌우했습니다. 1980~1990년대까지만 해도 '수·우·미·양·가'처럼 결과 중심의 상대평가가 성적표에 그대로 반영되었죠. 한 번의 시험 성적이 아이의 위치를 결정했고, 부모들은 등수로 만족과 불안을 나누었습니다.

하지만 현재는 완전히 달라졌습니다. 과정 중심, 성장 중심 평가가 기본 원칙입니다. 초등학교에서는 더 이상 등수, 평균, 점수가 나오지 않습니다. 대신 과정 중심 평가가 자리 잡으면서 '매우 잘함/잘함' 같은 3~5단계 평가와 교사의 서술형 코멘트가 실립니다. 생활통지표는 점수를 알려주기보다는 아이의 학습 태도와 성장 과정을 보여줍니다.

기본적으로 초등학교 생활기록부는 평생 남는 기록이므로 부정적인 내용이 학생에게 낙인이 되지 않도록 주의해야 합니다. 또한 아이들이 성장 과정에 있음을 고려하여 최대한 긍정적이고 발전 가능성이 보이게 서술합니다. 그렇다 보니 아이의 실력을 부모가 원하는 만큼 객관적으로 알기 힘들 수 있어요. 이게 부모들의 불안감을 더 높이고 있다는 의견도 많죠.

하지만 불안해하지 말고 이렇게 이해해보세요. 초등학교 생활통지표는 비교와 서열을 보여주는 문서가 아니라, 아이 개인의 성장 기록입니다. 따라서 생활통지표만으로 아이의 학업 수준을 정확히 판단하기는 어렵습니다. 숫자 하나로 아이의 가능성을 정하는 것보다 입체적으로 아이를 이해하는 노력이 필요합니다.

생활통지표를 해석하는 법

생활통지표는 대체로 다음과 같은 항목으로 구성됩니다.

- 기본 정보: 이름, 학급, 출결
- 창의적 체험 활동: 자율·동아리·진로·봉사활동 참여 태도 "적극적으로 참여함, 흥미롭게 활동함" 같은 긍정적 문구가 많음
- 교과 학습 발달 상황: 과목별 수행평가 결과 기반.
- 교과 평가: 국어, 수학, 사회, 과학 (학교에 따라 영어, 예체능 별도 표기), '매우 잘함/잘함/보통…' 등 4~5단계
- 행동 발달 특기사항: 학습 태도, 생활 습관, 관계 맥락
- 행동 특성 및 종합 의견: 아이의 기질·태도·특성 기록, 장점과 잠

1학기에는 학교 재량으로 일부 항목만 제공되기도 합니다. 예를 들어 행동 발달은 2학기만 공개되거나 과목별 발달 사항 없이 제공되는 경우가 있습니다.

생활통지표는 얼핏 보면 다 비슷한 문장처럼 느껴질 수 있습니다. 하지만 교사들은 작은 단어 하나, 표현 하나에 '차이'를 담아내기도 합니다. 이를 읽어내는 힘이 부모에게 필요합니다. 더 적나라하고 직접적으로 적어줬으면 좋겠다고 생각할지 모르겠지만, 우리 모두 아이들의 가능성을 믿고 있으니까요.

다음과 같이 차이를 두는 부분은 모든 교사가 그렇다는 것은 아닙니다. 저는 이런 식으로 차이를 두고 있으니 참고만 해주세요.

첫째, 잘하는 것을 전달하고 싶을 때 특별히 '부사어'를 많이 붙입니다. '협동하여 아주 잘함', '발표를 명확하게 함', '태도가 꾸준히 성실함'처럼 표현된 경우는, 교사가 특별히 긍정적인 평가를 강조하고 싶은 부분입니다. 이러한 문장은 곧 아이의 강점을 드러내는 신호입니다.

둘째, 완곡한 표현 속에 보완 신호가 숨어 있습니다. 예를 들어 '연산이 부족했으나 발전하고 있음', '수업 태도가 초반에 흔들렸으나 나아지는 중'과 같은 문장은 언뜻 긍정적인 흐름처럼 보입니다. 하지만 실제 메시지는 '부족한 영역이 있다'는 사실입니다.

이때 부모가 취해야 할 태도는 '아직 괜찮다'가 아니라 '지금이 보완할 적기'라는 인식입니다. '아, 우리 아이가 이제 나아져서 괜찮아졌구나'보다는 '이 부분이 부족하다는 것을 알려주는구나'라고 받아들여야 합니다.

문구가 애매하다면 혼자 해석하지 말고 교사에게 직접 확인하는 것이 가장 확실합니다. "선생님, 저희 아이가 학습적으로 어떤 점을 보완하면 좋을까요?"라고 말이죠.

생활통지표를 제대로 해석했다면, 이제는 집에서 간단히 확인해보는 진단이 필요합니다. 국어의 경우 한 단락을 소리 내어 읽게 한 뒤 어떤 내용인지 물어보세요. 수학은 평소 문제집을 푸는 것을 보고, 틀린 문제의 원인을 '개념 부족, 계산 실수, 문제 이해 미흡'으로 분류해보세요. 쓰기는 일기나 독서 감상문을 열 문장 이상 쓰게 한 뒤 맞춤법, 문장부호, 문단 나누기를 점검하면 아이의 기본기를 금세 알 수 있습니다.

아이의 태도를 알고 싶으면, 집 근처 도서관에 가서 함께 공부해보세요. 집중력이 어느 정도 유지되는지가 바로 드러납니다. 아무리 학원에 다녀도 집에서 꾸준히 아이의 학습을 살펴보며 피드백을 해야 합니다. 우리 아이가 잘하고 있는지 직접 점검하지 않으면 알 수 없습니다.

초등학교 공부는 순위를 매기며 우리 아이가 어디쯤 와있는지를 점검하는 것이 아니라, 각 학년에서 알아야 할 것을 다 알고 넘어가는지를 점검하는 것에 중점을 두세요. 학년별로 1학기와 2학기로 나눠 과목별로 점검하고 넘어갈 사항을 확인해보세요.

▶ 1학년(국·수 중심) 1학기

국어

- 바른 자세로 앉아 연필을 바르게 잡을 수 있는가?
- 글씨를 바르게 쓸 수 있는가?
- 한글을 읽을 수 있는가?
- 문장부호 사용을 알고 있는가?(마침표·물음표·느낌표)

수학

- 50까지의 수를 세고 읽을 수 있는가?
- 수의 가르기·모으기를 할 수 있는가?
- 길이·무게·넓이를 비교할 수 있는가?("더 길다/무겁다/넓다")

▶ 1학년(국·수 중심) 2학기

국어

- 흉내 내는 말을 이용해서 문장을 만들 수 있는가?
- 받침이 있는 낱말에 주의하며 문장을 쓸 수 있는가?
- 내 생각을 여러 개의 문장으로 표현할 수 있는가?
- 그림일기를 쓸 수 있는가?
- 만화 영화를 보고 정리할 수 있는가?

수학

- 100까지의 수를 셀 수 있는가?
- 받아올림과 받아내림이 있는 (몇+몇)=(십몇), (십몇-몇)=(몇)의 셈을 할 수 있는가?
- 수 배열표에서 규칙을 찾을 수 있는가?

▶ 2학년(국·수 중심) 1학기

국어

- 자신을 소개하는 글을 쓸 수 있는가?

- 꾸며주는 말을 넣어 문장을 쓸 수 있는가?

- 겪은 일을 일기로 쓸 수 있는가?

- 맞춤법에 맞게 낱말을 쓸 수 있는가?

- 시를 읽고 생각과 느낌을 나눌 수 있는가?

수학

- 두 자리 받아올림과 받아내림이 있는 덧셈과 뺄셈을 할 수 있는가?

- 자로 1cm 단위로 길이를 잴 수 있는가?

- 기준을 세워 분류할 수 있는가?

- 묶어 세기를 할 수 있는가?

▶ 2학년(국·수 중심) 2학기

국어

- 시 속 인물의 마음을 상상하면서 시를 읽을 수 있는가?

- 글을 읽고 중심내용을 파악할 수 있는가?

- 문장의 종류(설명하는 문장, 묻는 문장, 감탄하는 문장)를 알 수 있는가?

- 글을 읽고 이야기가 일어난 차례를 알 수 있는가?

- 겪은 일을 시나 노래로 표현할 수 있는가?

수학

- 네 자리 수를 알고 있는가?

- 곱셈의 개념을 알고 구구단을 외울 수 있는가?

- 시계로 시간을 읽을 수 있는가?

- 달력으로 날짜를 알 수 있는가?

- 자료를 분류하여 표와 그래프로 나타낼 수 있는가?

- 덧셈표와 곱셈표에서 규칙을 찾을 수 있는가?

국어

- 감각적 표현을 이해하고 있는가?
- 중심 문장과 뒷받침 문장을 갖추어 문단을 쓸 수 있는가?
- 마음을 전하는 글을 쓸 수 있는가?
- 사실과 의견을 구분하며 글을 읽을 수 있는가?

수학

- 세 자리 수의 덧셈과 뺄셈을 할 수 있는가?
- 선분/반직선/직선, 직각, 직사각형·정사각형의 개념을 알 수 있는가?
- (몇십×몇), (몇십몇×몇) 곱셈을 할 수 있는가?
- 구구단 기반 나눗셈을 할 수 있는가?
- mm, km에 대해 아는가?
- 시간의 덧셈과 뺄셈에 대해 아는가?
- 분수와 소수의 의미에 대해 아는가?

사회

- 놀이터, 공원, 도서관, 학원, 학교, 문구점 등 생활 속 다양한 장소를 말할 수 있는가?
- 도서관, 경찰서, 소방서, 공원, 학교, 병원 같은 공공시설의 역할을 설명할 수 있는가?
- '살기 좋은 곳'의 조건을 생각해보고, 더 살기 좋게 만들 수 있는 방법을 말할 수 있는가?
- 오늘과 옛날을 연결해주는 오래된 물건(예: 전화기, 교과서, 생활도구 등)을 찾아 설명할 수 있는가?
- 옛날 사람들의 생활 모습과 지금의 생활을 비교해 말할 수 있는가?

과학

- 용수철 저울로 물체의 무게를 비교하는 방법을 설명할 수 있는가?
- 지레, 빗면과 같은 도구가 힘을 줄이는 원리를 예로 설명할 수 있는가?
- 동물의 서식지(물속에 사는 동물, 극지방, 사막)와 특징이 어떻게 연결되는지 설명할 수 있는가?
- 물에 사는 식물, 사막이나 높은 산에서 자라는 식물의 특징을 설명할 수 있는가?
- 배추흰나비의 한살이(알 → 애벌레 → 번데기 → 어른벌레) 과정을 순서대로 설명할 수 있는가?

• 씨앗이 싹트는 데 필요한 조건(물, 햇빛 등)을 알고 있는가?

• 식물이 잘 자라기 위해 필요한 요소들을 말할 수 있는가?

▶ 3학년 2학기

국어

• 문단 개념을 이해하고 나눌 수 있는가?

• 중심문장-뒷받침문장을 구별할 수 있는가?

• 사실과 의견을 구분할 수 있는가?

• 마음을 전하는 글을 쓸 수 있는가?

수학

• (세 자리 수×한 자리 수), (두 자리 수×두 자리 수)의 곱셈을 할 수 있는가?

• (몇십÷몇), (몇십몇÷몇), (세 자리 수÷한 자리 수)를 할 수 있는가?

• 원의 성질을 설명할 수 있는가?

• 진분수, 대분수, 가분수를 알고 분수의 크기를 비교할 수 있는가?

• 들이와 무게의 단위를 알고 비교할 수 있는가?

• 자료를 조사하여 그림 그래프를 그릴 수 있는가?

사회

• 저출산·고령화·정보화·세계화의 의미와 영향을 예로 들 수 있는가?

• 외국인 이주민이 늘어나면서 나타난 변화와 의미를 설명할 수 있는가?

• 1인 가구, 비혼, 반려동물 양육 등 다양한 문화가 사회에 미친 긍정적 영향과 문제점을 말할 수 있는가?

• 사례나 통계 자료를 보고 사회 변화의 특징을 이해할 수 있는가?

• 다문화 관련 책이나 다양한 가족 형태, 반려동물 문화에 대해 이야기할 수 있는가?

• 옛날의 다양한 풍습(전통 놀이, 세시 풍속 등)을 예로 들 수 있는가?

• 교통수단과 통신수단이 옛날과 오늘날 어떻게 변했는지 말할 수 있는가?

과학

• 우리 주변 물건이 철, 나무, 플라스틱, 고무 등 다양한 물질이 가진 특징(단단함, 잘 휘어짐, 투명함 등)을 구분할 수 있는가?

• 육지와 바다의 특징을 비교해 말할 수 있는가?

•바닷가에서 볼 수 있는 다양한 지형(모래사장, 갯벌, 절벽 등)을 예로 들 수 있는가?

•밀물과 썰물의 차이를 이해하고 설명할 수 있는가?

•갯벌의 가치와 보전의 필요성을 말할 수 있는가?

•큰 소리와 작은 소리, 높은 소리와 낮은 소리를 구분할 수 있는가?

•소리의 세기와 높낮이가 다른 경우를 설명할 수 있는가?

•소리가 공기, 물, 고체 등 다양한 물질을 통해 전달된다는 사실을 아는가?

•소음을 줄이는 방법을 생활 속 예시로 말할 수 있는가?

•생활 속에서 걸릴 수 있는 감염병의 사례를 알고 있는가?

•감염병을 예방하기 위한 생활 수칙(손 씻기, 기침 예절, 예방 접종 등)을 말할 수 있는가?

▶ 4학년 1학기

국어

•인물 관계를 중심으로 이야기를 파악할 수 있는가?

•절차에 따라 토의를 할 수 있는가?

•대상을 관찰하여 보고하는 글을 쓸 수 있는가?

•동음이의어/다의어를 알고 국어사전에서 찾아볼 수 있는가?

•주장하는 글을 읽고 중심 생각을 파악할 수 있는가?

•독서 감상문 쓰는 방법을 알고 쓸 수 있는가?

•경험을 원인과 결과로 정리하여 말할 수 있는가?

•감각적 표현을 이용하여 시를 쓸 수 있는가?

수학

•다섯 자리 수를 읽고 쓸 수 있는가?

•(세 자리 수×두 자리 수), (두 자리 수÷두 자리 수), (세 자리 수÷두 자리 수) 계산을 할 수 있는가?

•(세 자리 수×몇십몇)을 계산할 수 있는가?

•(세 자리 수÷몇십몇)을 해결할 수 있는가?

•곱셈과 나눗셈 문제에서 어림하여 답을 예상할 수 있는가?

•각의 크기를 알고, 각도의 합과 차를 구할 수 있는가?

•삼각형 세 각의 합, 사각형 네 각의 합을 알 수 있는가?

- 평면도형을 밀기·뒤집기·돌리기로 움직일 수 있는가?
- 덧셈식과 뺄셈식, 곱셈식, 나눗셈식 배열에서 규칙을 찾을 수 있는가?
- 막대그래프로 자료를 나타내고 읽을 수 있는가?

사회

- 지도에서 방위를 보고 동·서·남·북을 정확히 말할 수 있는가?
- 지도의 기호와 범례를 활용해 지도를 읽을 수 있는가?
- 등고선을 보고 땅의 높낮이를 알 수 있는가?
- 축척을 이용해 실제 거리를 계산할 수 있는가?
- 산, 평야, 강, 섬, 호수, 바다 등 땅의 생김새를 구분할 수 있는가?
- 여름과 겨울에 강수량이 많은 시기와 기온이 낮은 시기를 설명할 수 있는가?
- 지역마다 기후가 다를 수 있음을 이해할 수 있는가?
- 국가유산이 무엇인지 설명할 수 있는가?
- 우리 지역의 국가유산을 조사해 특징과 조상들의 생활 모습을 연결해 말할 수 있는가?
- 경제활동에서 선택이 필요한 이유를 말할 수 있는가?
- 합리적인 선택이 무엇인지 예를 들어 설명할 수 있는가?
- 생산과 소비의 의미를 구분할 수 있는가?
- 지역 간 교류가 필요한 까닭을 설명할 수 있는가?

과학

- 자석에 붙는 물체와 붙지 않는 물체를 구분할 수 있는가?
- 자석과 물체 사이에 작용하는 힘(끌어당기는 힘, 미는 힘)의 특징을 말할 수 있는가?
- 자석의 극을 알고, 같은 극·다른 극을 가까이했을 때의 변화를 설명할 수 있는가?
- 물이 고체·액체·기체 상태로 변할 수 있음을 이해하는가?
- 물이 얼 때와 얼음이 녹을 때, 물이 증발하거나 끓을 때의 변화를 설명할 수 있는가?
- 흐르는 물이 주변 지형에 어떤 변화를 일으키는지 설명할 수 있는가?
- 강의 상류와 하류 지형의 특징을 비교할 수 있는가?
- 화산이 무엇인지 정의하고 화산 활동으로 나오는 물질을 예로 들 수 있는가?
- 화성암을 관찰하고 분류할 수 있는가?
- 버섯과 곰팡이 같은 균류, 해캄과 짚신벌레 같은 원생생물의 특징을 설명할 수 있는가?

▶ **4학년 2학기**

국어

- 토의 절차에 맞게 토의할 수 있는가?
- 관찰한 내용을 바탕으로 보고서를 쓸 수 있는가?
- 동음이의어/다의어를 사전을 찾아 구분할 수 있는가?
- 주장하는 글을 읽고 중심 생각을 파악할 수 있는가?
- 독서 감상문 쓰는 방법을 알고 쓸 수 있는가?
- 경험을 원인과 결과로 정리해서 말할 수 있는가?

수학

- 만, 십만, 백만, 천만, 억, 조의 단위를 알고 있는가?
- 각의 크기를 재고 각도의 합·차를 구할 수 있는가?
- (세 자리 수×두 자리 수), (두 자리 수÷두 자리 수), (세 자리 수÷두 자리 수)을 계산할 수 있는가?
- 평면도형의 밀기/뒤집기/돌리기를 할 수 있는가?
- 막대그래프로 나타내어 볼 수 있는가?

사회

- 민주주의가 무엇인지 설명할 수 있는가?
- 민주주의와 자치가 왜 중요한지 설명할 수 있는가?
- 지역 문제를 해결하는 방법을 설명할 수 있는가?
- 지역을 알리기 위한 다양한 노력(축제, 홍보 활동 등)을 설명할 수 있는가?
- 자연환경과 인문환경이 무엇인지 설명할 수 있는가?
- 환경에 따라 생활 모습이 달라지는 사례를 말할 수 있는가?

과학

- 달의 모양이 변하는 과정을 관찰하고 위상 변화를 설명할 수 있는가?
- 달의 표면 특징(크레이터 등)을 말할 수 있는가?
- 태양·행성·별의 정의를 구분할 수 있는가?
- 태양계의 구성원(태양, 행성, 위성 등)을 설명할 수 있는가?
- 북극성 주변의 대표적인 별자리를 찾고 이름을 말할 수 있는가?
- 생태계의 구조(생산자·소비자·분해자)를 설명할 수 있는가?

- 먹이사슬과 먹이그물의 차이를 이해하고 예로 설명할 수 있는가?
- 생물 간 상호작용(경쟁, 공생, 포식 등)을 예로 들 수 있는가?
- 온도와 압력에 따라 기체의 부피가 달라지는 현상을 관찰하고 설명할 수 있는가?
- 일상생활에서 사용하는 기체의 종류와 성질을 말할 수 있는가?
- 기후변화 현상의 예(지구 온난화, 해수면 상승 등)를 설명할 수 있는가?

▶ 5학년 1학기

국어

- 경험을 떠올리며 시나 이야기를 읽을 수 있는가?
- 구조(원인-결과/문제-해결/나열)를 생각하며 글을 요약할 수 있는가?
- 쓸 내용을 떠올리고 조직하며 글을 읽을 수 있는가?
- 여정, 견문, 감상이 드러나게 기행문을 쓸 수 있는가?
- 글의 종류(설명하는 글, 주장하는 글)에 맞는 읽기 방법으로 글을 읽을 수 있는가?

수학

- 자연수의 사칙 연산(+, −, ×, ÷)을 섞어 혼합 계산할 수 있는가?
- 약수, 배수를 알고 공약수와 최대공약수, 공배수와 최소공배수를 구할 수 있는가?
- 분모가 다른 대분수나 진분수의 덧셈과 뺄셈을 바르게 계산할 수 있는가?
- 직사각형, 평행사변형, 삼각형, 사다리꼴, 마름모의 둘레와 넓이를 구할 수 있는가?

사회

- 우리나라 주요 산지, 하천, 해안 지형의 위치를 지도에서 찾을 수 있는가?
- 산지·하천·해안 지형의 분포와 특징을 설명할 수 있는가?
- 독도의 지리적 특성을 설명할 수 있는가?
- 독도가 왜 중요한 영토인지 말할 수 있는가?
- 계절별 기후의 특징을 자료를 보고 설명할 수 있는가?
- 기후변화로 인한 자연재해의 사례와 심각성을 말할 수 있는가?
- 우리나라 지역별 인구 분포의 특징을 설명할 수 있는가?
- 인구 분포로 인해 생기는 문제를 말할 수 있는가?
- 인구 문제를 해결하기 위한 방안을 제시할 수 있는가?
- 일상생활 사례를 통해 법의 의미와 역할을 설명할 수 있는가?

• 헌법에 규정된 인권의 내용을 말할 수 있는가?

• 일상생활 속에서 인권이 구현되는 사례, 인권이 침해되는 사례를 설명할 수 있는가?

• 인권 침해를 해결할 수 있는 방법을 제안할 수 있는가?

과학

• 지층의 특징과 형성 과정을 설명할 수 있는가?

• 지층이 퇴적암으로 이루어져 있음을 이해하는가?

• 퇴적암을 알갱이 크기에 따라 이암, 사암, 역암으로 분류할 수 있는가?

• 화석의 생성 과정을 모형으로 설명할 수 있는가?

• 화석을 통해 지구의 과거 생물과 환경을 추리할 수 있는가?

• 물체를 보기 위해 빛이 필요함을 이해하는가?

• 빛의 직진, 반사, 굴절 현상을 관찰하고 설명할 수 있는가?

• 거울과 렌즈의 쓰임새를 조사할 수 있는가?

• 용해 현상의 의미를 설명할 수 있는가?

• 용질의 종류와 물의 온도에 따라 물에 녹는 양이 달라지는 것을 비교할 수 있는가?

• 용질이나 용매의 양에 따라 용액의 진하기가 달라지는 것을 설명할 수 있는가?

• 여러 용액의 상대적인 진하기를 비교할 수 있는가?

• 뼈와 근육의 생김새를 관찰하고 모형으로 설명할 수 있는가?

• 몸이 움직이는 원리를 설명할 수 있는가?

• 소화·순환·호흡·배설 기관의 구조와 기능을 말할 수 있는가?

▶ 5학년 2학기

국어

• 체험한 일을 떠올리며 감상이 드러나게 글을 쓸 수 있는가?

• 의견을 조정하며 토의할 수 있는가?

• 겪은 일이 드러나게 글을 쓸 수 있는가?

• 토론 절차와 방법을 알고 토론할 수 있는가?

• 글의 구조에 따라 요약할 수 있는가?

수학

• 이상, 이하, 초과, 미만, 올림, 버림, 반올림을 알고 있는가?

- (진분수×자연수), (대분수×자연수), (자연수×진분수), (자연수×대분수)를 계산할 수 있는가?
- 평면도형의 합동, 대칭 이동과 대칭성에 대해 알고 있는가?
- 정육면체와 직육면체의 성질에 대해 알고 있는가?
- 평균의 개념과 의미에 대해서 알고 있는가?

사회

- 선사 시대의 유적과 유물을 보고 당시 사람들의 생활을 추론할 수 있는가?
- 고조선의 유적·유물을 통해 고조선 사람들의 생활을 설명할 수 있는가?
- 고려 시대의 다양한 역사 자료를 통해 당시 사회의 모습과 생활을 이해할 수 있는가?
- 조선 시대 사람들의 생각과 생활에 유교가 어떤 영향을 주었는지 설명할 수 있는가?
- 조선 후기의 사회·문화적 변화를 예로 들 수 있는가?
- 개항기 근대 문물이 들어오면서 생활 모습이 어떻게 달라졌는지 말할 수 있는가?
- 일제의 식민 통치가 사회와 생활에 끼친 영향을 설명할 수 있는가?
- 일제에 맞선 저항의 사례를 말할 수 있는가?
- 8·15 광복 이후 사회와 생활이 어떻게 달라졌는지 설명할 수 있는가?
- 6·25 전쟁이 사회와 생활에 어떤 변화를 가져왔는지 설명할 수 있는가?

과학

- 알갱이 크기가 다른 고체 혼합물(예: 모래와 자갈)을 분리할 수 있는가?
- 서로 잘 섞이지 않는 액체 혼합물(예: 물과 기름)을 분리하는 방법을 설명할 수 있는가?
- 물에 용해되는 성질을 이용해 고체 혼합물을 분리할 수 있는가?
- 물을 증발시켜 물에 녹아 있는 고체 물질(예: 소금과 모래)을 분리할 수 있는가?
- 기상 요소를 조사하고 기록할 수 있는가?
- 날씨가 생활에 미치는 영향을 설명할 수 있는가?
- 이슬·안개·구름의 공통점과 차이점을 말할 수 있는가?
- 고기압과 저기압의 분포에 따른 날씨 특징을 설명할 수 있는가?
- 온도가 다른 두 물체가 접촉했을 때 일어나는 온도 변화를 관찰하고 설명할 수 있는가?
- 주변에서 열이 이동하는 현상을 예로 들 수 있는가?
- 단열의 원리와 사례를 조사할 수 있는가?
- 태양·풍력·수력·해양·지열·바이오 에너지 등 재생에너지의 종류를 구분할 수 있는가?

▶ 6학년 1학기

국어

- 비유(직유/은유)법을 알고 사용할 수 있는가?

- 이야기 구조를 생각하며 요약할 수 있는가?

- 논설문의 특성을 생각하며 쓸 수 있는가?

- 다양한 상황에서 쓰이는 속담의 의미를 알고 있는가?

수학

- (자연수÷자연수), (분수÷자연수)를 계산할 수 있는가?

- 각기둥과 각뿔을 알고 있는가?

- (자연수÷자연수), (소수÷자연수)를 계산할 수 있는가?

- 원그래프와 띠그래프로 나타낼 수 있는가?

- 직육면체의 부피와 겉넓이를 구할 수 있는가?

사회

- 분단으로 인해 나타난 문제점을 설명할 수 있는가?

- 민주 국가에서 국회·행정부·법원의 역할을 구분할 수 있는가?

- 국가 기관의 권력을 분립하는 이유를 설명할 수 있는가?

- 지구본과 세계지도를 활용해 위치를 표현할 수 있는가?

- 세계 주요 대륙과 대양의 이름과 위치를 알 수 있는가?

- 우리나라의 위치와 영토 특징을 설명할 수 있는가?

- 세계 여러 나라의 위치와 영토 특징을 비교할 수 있는가?

과학

- 용액을 산성 용액과 염기성 용액으로 분류할 수 있는가?

- 산성과 염기성 용액의 성질을 비교할 수 있는가?

- 산성과 염기성 용액을 섞었을 때 성질이 어떻게 변하는지 설명할 수 있는가?

- 일상에서 산성과 염기성 용액이 활용되는 사례를 말할 수 있는가?

- 산성화로 인한 환경 피해 사례를 이해하는가?

- 물체의 이동 거리와 걸린 시간을 측정해 속력을 구할 수 있는가?

- 현미경으로 세포를 관찰하고, 생물이 세포로 이루어져 있음을 이해하는가?

- 식물의 각 기관(뿌리, 줄기, 잎, 꽃, 열매)의 구조와 기능을 설명할 수 있는가?

• 하루 동안 태양과 별의 위치 변화를 관찰하고 규칙성을 찾을 수 있는가?

• 지구의 자전과 낮·밤이 생기는 원리를 설명할 수 있는가?

• 지구의 공전을 이해하고 설명할 수 있는가?

• 계절에 따라 달라지는 별자리의 변화를 관찰하고 설명할 수 있는가?

▶ 6학년 2학기

국어

• 작품 속의 인물과 자신의 삶을 비교하며 작품을 읽고 자신의 생각을 쓸 수 있는가?

• 여러 가지 관용 표현의 뜻을 알 수 있는가?

• 상황에 알맞은 자료를 활용해 논설문을 쓸 수 있는가?

• 발표 상황에 맞는 영상 자료를 만들어 발표할 수 있는가?

• 뉴스나 광고에 나온 표현의 적절성과 정보의 타당성을 알 수 있는가?

수학

• 분수의 나눗셈을 계산할 수 있는가?

• 소수의 나눗셈을 계산할 수 있는가?

• 비례식과 비례배분을 알고 있는가?

• 원주와 원의 넓이를 구할 수 있는가?

• 원기둥, 원뿔, 구에 대해 알고 있는가?

사회

• 세계 여러 지역의 지형 경관을 구분할 수 있는가?

• 지형에 따라 사람들이 살아가는 모습이 어떻게 달라지는지 설명할 수 있는가?

• 세계의 다양한 기후 종류를 알고 있는가?

• 기후 환경이 인간 생활과 어떤 관계가 있는지 예를 들어 말할 수 있는가?

• 시장경제 속에서 가계와 기업의 역할을 설명할 수 있는가?

• 근로자의 권리와 기업의 자유·사회적 책임을 이해하는가?

• 경제 성장 과정에서 생긴 문제와 그 해결 방안을 말할 수 있는가?

• 무역의 의미를 사례를 통해 설명할 수 있는가?

• 국가 간 무역이 이루어지는 이유를 탐구할 수 있는가?

• 세계 인구의 분포 특징을 설명할 수 있는가?

- 지구촌을 위협하는 문제(환경, 분쟁, 빈부 격차 등)를 이해하는가?
- 지속 가능한 미래를 만들기 위한 해결 방안을 탐구할 수 있는가?

과학

- 태양 고도, 그림자 길이, 기온 사이의 관계를 설명할 수 있는가?
- 계절에 따른 태양의 남중 고도와 낮의 길이 변화를 이해하는가?
- 계절 변화의 원인을 설명할 수 있는가?
- 지구가 자전축이 기울어진 채 공전한다는 사실을 이해하는가?
- 연소가 일어나기 위한 조건을 설명할 수 있는가?
- 연소 전과 후의 물질을 비교하여 성질 변화를 설명할 수 있는가?
- 전지 한 개를 사용한 회로와 두 개를 직렬로 연결한 회로의 차이를 설명할 수 있는가?
- 전자석을 만들어 성질을 탐구할 수 있는가?
- 전자석이 활용되는 사례를 설명할 수 있는가?
- 과학이 사회 문제 해결에 기여하는 방법을 설명할 수 있는가?
- 자신의 진로를 과학과 연관 지어 생각할 수 있는가?

중학교 배정을 위해 꼭 알아두어야 할 것이 있을까?

"초등학교 6학년이 되니 중학교 배정이 걱정됩니다. '집에서 가까운 학교에 갈 수 있을까?', '친구들과 같은 학교로 배정받을까?', '혹시 낯선 학교에 가면 어쩌지?' 하는 불안이 생기죠. 대부분 거주지 학군을 기준으로 배정되겠지만, 절차를 기다리는 동안 마음이 편치 않습니다."

초등학교 입학한 지 얼마 되지 않은 것 같은데, 어느새 아이가 졸업을 앞두고 중학교 원서를 써야 할 때가 다가옵니다. 아이의 초등학교 6학년 생활이 마무리될 즈음, 부모들은 자연스럽게 중학교 배정을 걱정하게 됩니다. 학교에서 통보하는 절차에 따라 배정이 이루어지지만, 그 과정이 생각보다 복잡하게 느껴지기도 하죠.

특히 '우리 집에서 가까운 학교에 갈 수 있을까?', '친구들이랑 같은 학교로 배정받을 수 있을까?', '혹시 원하지 않는 학교에 가면 어떡하지?' 같은 고민이 학부모 마음을 무겁게 합니다.

중학교 배정은 교육지원청에서 담당합니다. 헷갈리기 쉬운데, 시·도 교육청은 전체를 총괄하는 본사 같은 역할이고, 실제 배정 업무는 지역 교육지원청이 맡습니다. 따라서 배정 원서 접수, 추첨, 결과 발표까지 모든 과정은 아이가 다니는 초등학교가 속한 교육지원청 홈페이지 공지사항을 통해 확인해야 합니다.

- 교육청(시·도 교육청): 큰 틀에서 시·도 전체 교육을 총괄
- 교육지원청(지역 교육청): 실제 배정 업무 담당

중학교 배정은 이렇게 이루어져요

배정 일정은 매년 조금씩 달라지지만, 보통 11월에서 12월 초 사이에 '중학교 입학 배정 시행계획'이라는 제목으로 공지가 올라옵니다. 이 안에는 배정 원칙, 추첨 방법, 재배정 규정, 발표 일정까지 상세하게 안내되어 있습니다. 같은 시·도 안에서도 교육지원청마다 규정이 조금씩 다르니, 반드시 우리 아이 학교가 속한 교육지원청 자료를 확인하는 것이 중요합니다.

배정의 기본 흐름은 이렇습니다. 학기 중 두 차례(3월과 9월)의 주소 확인 절차가 이루어지고, 10월 말에 배정 원서를 작성해 제출합니다. 이후 컴퓨터 추첨을 거쳐 2월 초에 최종 결과가 발표되죠. 학생은 보통 2개 이상의 희망 학교를 써낼 수 있지만, 결과적으로는 거주지 학군 내에서 무작위 추첨을 통해 한 학교에 배정됩니다.

여기서 중요한 것은 '실거주'입니다. 주소만 옮겨놓고 실제로 살지 않는 경우는 '가거주'로 판정되어 불이익을 받을 수 있고, 주민등록법 위반으로 처벌까지 받을 수 있습니다. 실거주란 단순히 주민등록상 주소가 있는 것이 아니라, 가족이 실제로 생활 기반을 두고 거주하는 상태를 말합니다.

만약 중학교 배정을 위해 이사를 고려한다면 시기를 잘 맞춰야 합니다. 9월 말에서 10월 중순 이전에 이사해야 원서 작성에 반영이 됩니다. 그 이후에 이사를 하면 '재배정'이나 '전학' 절차로 넘어가기 때문에 원하는 학교에 가기 어렵습니다. 따라서 이사 시점과 교육지원청 규정을 꼼꼼히 확인하는 것이 필요합니다.

- 주소 확인(3월·9월): 실제 거주지를 기준으로 확인합니다.
- 배정 원서 작성 및 제출(10월 말): 보통 2개 이상의 학교를 지원할 수 있습니다.
- 전산 추첨: 거주지 학군 내 학교를 기준으로 무작위 추첨합니다.

혹시 처음 배정받은 학교가 마음에 들지 않더라도 방법이 전혀 없는 것은 아닙니다. 일단 배정된 학교에 등록한 뒤, 교육청 시스템에서 중학교 결원 현황을 확인하면 됩니다. 서울은 매일 오후 5시에 업데이트가 되는데, 특정 학교에 빈자리가 생기면 전학을 신청할 수 있습니다.

현실적으로는 집과 가까운 학교부터 자리가 나는 경우가 많으니, 지도 앱으로 집 주변 중학교를 거리순으로 확인해두면 도움이 됩니다.

중학교 배정은 부모가 마음대로 바꾸거나 조정할 수 있는 성격의 것이 아닙니다. 정확한 시기와 절차를 아는 것, 그리고 실거주 원칙을 지키는 것이 가장 중요합니다. 부모가 할 수 있는 최선은 이 두 가지를 지키며, 배정 과정을 지켜보는 것입니다.

1) 정보 확인

- 우리 아이 초등학교가 속한 교육지원청 홈페이지 즐겨찾기 해두기
- 11~12월 사이 올라오는 '중학교 입학 배정 시행계획' 파일 확인
- 배정 원칙, 추첨 방법, 발표일 캡처 또는 메모

2) 주소·거주지 점검

- 3월·9월 학교에서 진행하는 주소 확인 절차 완료했는지 확인
- 주민등록 등본상 주소와 실제 거주지가 일치하는지 확인
- 이사를 계획한다면 9월 말~10월 중순 이전에 마무리

3) 원서 작성

- 10월 말 원서 제출 기간 확인
- 지원 가능한 2개 이상의 희망 학교 미리 탐색
- 원서 제출 후 사본 또는 사진 보관

4) 배정 발표 이후

- 2월 초 최종 배정 결과 확인
- 배정된 학교에 우선 등록
- 원하는 학교가 따로 있다면, 교육청 결원 현황 시스템 체크(서울은 매일 오후 5시 갱신)

5) 전학 준비 팁

- 지도 앱으로 집 주변 중학교 검색 → 거리순으로 목록화
- 결원 발생 시 전학 신청 방법(교육청 안내) 숙지
- 아이에게 전학 가능성에 대해 솔직하고 안정적으로 설명

국제중 vs 일반중, 어떻게 선택할까?

"아이의 중학교 진학을 고민하다 보니 '국제중학교'라는 이름이 눈에 들어옵니다.

국제중과 일반중, 어느 쪽이 우리 아이에게 더 적합할까요?"

국제중학교에는 영어 중심 수업, 다양한 비교과 활동, 글로벌 환경, 분명 매력적인 요소가 많습니다. 하지만 모든 아이에게 다 맞는 길은 아닙니다. 최근에는 100% 전산 추첨 방식(단, 청심국제중의 경우 1차 추첨 후 면접 전형을 따로 실시)으로 바뀌어, 과거에 비해 지원 부담은 줄어든 상황입니다. 하지만 학교의 특징이 우리 아이와 맞는지 살펴봐야 합니다.

국제중학교는 영어 중심 수업과 토론·발표형 수업 방식이 특징입니다. 단순히 교과 지식만 배우는 것이 아니라 프로젝트, 교류 프로그램 등 비교과 활동이 활발하게 이루어집니다.

국제중은 특히 언어·사고력을 기르는 데 강점이 있습니다. 영어 능력을 집중적으로 키울 수 있고, 글쓰기·발표·토론을 자주 경험하면서 사고의 폭을 넓힐 수 있습니다. 프로젝트나 교류 활동을 통해 다양한 글로벌 경험을 쌓을 수 있다는 것도 장점입니다. 그래서 문과 지향 성향이 뚜렷한 학생이라면, 국제중은 좋은 기회가 될 수 있습니다.

하지만 장점만 있는 것은 아닙니다. 학업 수준이 높기 때문에 의지가 부족하면 쉽게 좌절할 수 있습니다. 추첨제로 입학 문턱은 낮아졌지만, 입학 후 버티는 것이 진짜 과제라는 점을 잊어서는 안 됩니다. 새로운 환경과 친구 관계에 적응하지 못하면 심리적 스트레스가 클 수 있습니다. 따라서 초등학교 친구들이 같이 진학하는 것이 더 유리한 경우 일반중학교로 현 학군에 남는 것이 더 적합할 수 있습니다.

국제중에 지원할 때 고려해볼 것

국제중은 추첨제이므로 일단 지원해보는 것이 가능합니다. 고민만 하다 기회를 놓치지 말고, 지원해본 뒤 합격 여부를 보고 최종 결정을 내릴 수 있습니다. 아래와 같은 것들을 살펴보고 결정하는 것이 좋습니다.

- 아이가 '그 학교에 가고 싶다'는 주체적인 마음이 있는가?
- 새로운 친구와 환경에 잘 적응하는 편인가?
- 우리 아이는 영어에 흥미가 있는가?
- 언어 능력이 좋은 편인가?
- 발표·토론 경험을 즐기는가?
- 국제적 진로(외고·국제고·해외 진학)에 관심이 있는가?

국제중 선택이든, 일반중 선택이든 결국 중요한 것은 아이의 성향과 의지입니다. 부모의 기대가 아니라, 아이 스스로의 선택일 때 훨씬 더 힘을 발휘할 수 있습니다.

1) 아이의 의지

- "나 그 학교에 가고 싶어"라고 아이가 스스로 말한 적이 있다.

- 부모가 권유했을 때가 아니라, 아이가 관심을 보인 경험이 있다.

- 새로운 환경에 대한 기대나 설렘을 표현한다.

2) 아이의 성향

- 발표·토론 활동에 거부감이 적다.

- 영어로 말하거나 듣는 활동을 즐기는 편이다.

- 새로운 친구를 사귀는 데 적극적이다.

- 반대로, 안정된 교우관계가 더 중요하다고 스스로 말한 적이 없다.

3) 학업 태도

- 스스로 계획을 세우고 꾸준히 공부를 이어간 경험이 있다.

- 과제가 많아도 버틸 수 있는 집중력과 의지가 있다.

- 실패나 낮은 점수 앞에서도 비교적 회복이 빠르다.

4) 부모 점검

- '우리 아이 성향에 맞는 길인가?'를 먼저 생각했다.

- 학군이나 학교 이름보다 아이의 성장 환경을 기준으로 삼았다.

- 국제중 진학 후 예상되는 스트레스 상황(적응, 학업 부담)에 대비할 계획이 있다.

2부
학습 문해력

예전에는 옆집에 사는 애만 비교 대상이었는데, SNS가 발달한 요즘에는 비교 대상이 더 많아졌습니다. 아이가 학년별로 어떤 발달 단계를 따라 발달하는지, 어떤 부분을 신경 써야 할지, 입시 제도의 변화에 따라 어떤 준비를 하면 좋을지, 큰 흐름을 머릿속에 갖고 있으면 덜 불안합니다. 우리 아이의 학습을 읽어내는 힘, 학습 문해력을 위해 큰 흐름을 알아봅시다.

학년별 공부를 어느 정도까지 시켜야 할까?

"아이의 공부 정서를 생각한다고 해도 다른 아이의 학원 진도, 레벨 테스트 결과를 듣거나 '사춘기에는 공부 못 하니 미리 해놓아야 한다', '공부로 몰아붙이지 않으면 그 시간에 딴생각이나 한다' 같은 말을 들으면 '우리 아이 공부가 뒤처지고 있는 건 아닐까?', '지금 제대로 안 하면 중학교, 고등학교 때 힘들어지지 않을까?' 하는 불안감이 생깁니다. 어느 정도까지 공부를 시켜야 할까요?"

초등학교 공부는 중·고등학교 공부와는 다릅니다. 우리가 흔히 유튜브나 책에서 접하는 많은 공부법은 사실 중·고등학생에게 더 적합한 경우가 많습니다. 초등학생은 학년마다 발달 특성이 뚜렷하게 다르기 때문입니다.

교실에서 수많은 아이를 가르치다 보면, 자연스럽게 그 학년에서 기대할 수 있는 평균적인 수준이 보입니다. 특정 질문을 던졌을 때 아이들이 어느 정도 범위 안에서 답할지를 예상할 수도 있습니다. 가끔 예상 밖의 답을 하는 아이들을 보면 '많이 생각하고, 학습 경험이 쌓였구나' 하고 느낄 수 있습니다. 반대로 그렇지 않은데도 억지로 앞서가려는 경우도 종종 보게 됩니다.

아이마다 차이가 있더라도 결국 발달 단계 안에서 학습이 이루어진다는 것을 확인할 수 있습니다. 그러다 보니 부모님이 '앞서 나가야 한다'는 마음으로 무리하게 시키는 공부가 사실 큰 차이를 만들지 못할 때가 많습니다. 오히려 발달 단계에 맞지 않는 학습은 아이에게 부담이 되고, 학습 흥미를 떨어뜨리기도 합니다. 중요한 것은 아이의 발달 단계에 맞추어 공부하는 것입니다.

초등학교 시기는 크게 저학년, 중학년, 고학년으로 나눌 수 있습니다. 각 시기에 따라 학습 태도와 공부 방법 역시 달라져야 합니다. 이 시기별 발달 특성을 이해하고 그에 맞는 방법을 적용할 때, 학습 효과는 극대화됩니다.

아는 만큼 불안이 사라집니다

아이의 발달 특성에 맞는 공부의 흐름을 머릿속에 갖고 있으면 불안이 훨씬 줄어듭니다. 예를 들어, 아이가 갑자기 다니던 학원을 그만두겠다고 했을 때 부모는 불안해집니다. 그러다 보니 차분하게 다음 단계를 고민하기보다 화를 내거나, 불안한 마음을 담아 이유를 캐묻기만 합니다. 하지만 '이 시기에는 이 정도 공부를 하면 되고, 입시의 끝에는 이 정도 수준에 도달하면 된다'는 큰 그림을 머릿속에 가지고 있다면 상황을 훨씬 이성적이고 차분하게 바라볼 수 있습니다. 그 시점만을 생각해서 흔들리기보다, 전체적인 흐름 속에서 다음 스텝을 냉정하게 판단할 수 있죠.

사실 학원에서는 학부모의 불안을 자극해 아이를 등록시키려는 경우가 많습니다. "지금 시작하기엔 늦었어요", "이 정도는 꼭 해야 해요", "다른 아이들은 더 잘하고 있어요"와 같은 말이 대표적이죠.

시중의 문제집도 기초 교과용을 제외하면 실제 학년 수준보다 더 높게 구성된 경우가 많습니다. 학교에서 아이들을 직접 가르쳐보면 '평균적인 학년 수준'이 보이는데, 문제집을 보면 '정말 이 학년에 이 정도를 풀 수 있을까?' 싶은 경우가 많습니다. 이 또한 부모의 불안을 자극해 더 많은 교재를 사게 만드는 것이죠.

불안을 낮추는 비결은 마냥 괜찮다고 하는 게 아니라 제대로 아는 것입니다. 그게 바로 초등 부모가 알아야 할 '학습 문해력'입니다. 우리 아이가 걸어갈 긴 학습의 길에서 이쯤 왔고, 중요한 것은 무엇인지 아는 것이죠.

초등학생의 발달은 매년 조금씩 달라지지만, 2년 단위로 큰 변화를 보입니다. 그래서 교육 현장에서는 이를 묶어 '학년군(群)'이라는 개념을 사용합니다. 보통 1~2학년, 3~4학년, 5~6학년을 각각 하나의 학년군으로 나누어 바라보죠. 그래서 홀수 학년에는 아이도 학부모님들도 더 바짝 긴장하게 될 거예요.

1~2학년은 학교생활에 적응하고 기초 학습 습관을 형성하는 시기입니다. 읽기·쓰기·셈하기 같은 기본적인 학습 기술뿐 아니라, 자신의 물건을 챙기고 규칙을 지키며 집단 속에서 생활하는 능력을 배우는 데 초점을 맞춥니다.

3~4학년에 들어서면 아이들의 사고력이 한층 확장되어, 구체적인 것에서 추상적인 것으로 옮겨 가는 과도기를 겪습니다. 학습량이 늘어나고, 스스로 과제를 계획하고 해결하는 힘이 필요해집니다. 친구 관계에서도 단순히 함께 노는 수준을 넘어, 관계 안에서 갈등을 해결하는 경험을 하게 됩니다.

5~6학년은 초등학교의 마무리 단계로, 사춘기의 시작과 맞물리며 정서적·인지적 변화가 가장 크게 일어나는 시기입니다. 학습에서는 자기주도성이 더욱 강조되고, 또래 집단에서의 관계나 자아 정체감 형성이 중요한 과제가 됩니다. 이 시기의 발달 특성은 이후 중학교 생활로 자연스럽게 이어지죠.

이처럼 학년군 단위로 아이들의 발달을 이해하면, 불필요하게 조급해하지 않고, 각 시기에 맞는 학습 목표와 생활 과제를 차분히 바라볼 수 있게 됩니다.

실전 연습　학년군별 공부 목표 점검 대화법

1) 1~2학년(기초 학습 습관 시기)

- "매일 조금씩 연습하면 점점 더 잘하게 돼.": 꾸준한 반복이 곧 성취로 이어진다는 경험을 심어주는 말입니다.
- "틀려도 괜찮아, 오늘은 시도한 게 가장 멋진 거야.": 정답보다 도전하는 태도가 중요하다는 것을 알려주는 격려입니다.
- "네 물건은 네가 챙기는 거야. 엄마, 아빠는 네가 잘할 거라고 믿어.": 자기 관리 습관을 기르고, 부모의 신뢰를 느끼게 해주는 말입니다.

2) 3~4학년(사고력 확장·과도기)

- "문제가 어려워 보일 땐 먼저 작은 부분부터 풀어보자.": 큰 과제를 쪼개 해결하는 사고 방식을 알려주는 지도 언어입니다.
- "네가 어떻게 생각하는지 말로 설명해 봐. 답보다 생각이 더 중요해.": 사고 과정 자체를 존중받는 경험을 주어 자신감을 키워줍니다.
- "친구랑 다투는 것도 괜찮아. 중요한 건 서로의 마음을 이해하려고 해보는 거야.": 관계 속 갈등을 성장의 일부로 받아들이도록 돕는 말입니다.

3) 5~6학년(자기주도성·사춘기 시작)

- "너 스스로 공부 계획을 세우면 훨씬 책임감이 생길 거야.": 자기주도학습으로 넘어가는 훈련을 자연스럽게 유도합니다.
- "새로운 걸 배우다가 힘들 수 있어, 그건 네가 성장하고 있다는 증거야.": 좌절 경험을 부정적으로 보지 않고 성장을 확인하는 시선으로 바꿔줍니다.
- "도움이 필요하면 말해. 언제든지 도와줄게.": 사춘기가 되면 거리를 두고 혼자 결정할 기회를 주면서도, 아직 독립하기에는 스스로 불안한 아이에게 해줄 수 있는 말입니다.

어떻게 하면
스스로 공부하게
할 수 있을까?

"본인이 알아서 공부하면 좋을 텐데 꼭 시켜야 하고, 시켜도 어떻게든 미루려고 하고, 하기 싫어합니다. 공부를 해야 하는 이유에 대해서 설명을 해줘도 이러는데 도대체 어떻게 말해줘야 이해할까요?"

이런 학부모의 고민을 정말 많이 듣습니다. 저는 이렇게 말합니다. 우리가 이유를 몰라 운동을 안 하고, 몸에 안 좋은 것을 먹을까요? 원래 좋은 것은 이유를 알아도 하기 힘든 것이에요.

아이에게 '공부는 왜 해야 할까?'를 백 번 설명해도, 아이가 스스로 공부에 재미를 붙이지 못하는 경우가 많습니다. 공부의 이유를 아는 것과 실제로 책상 앞에 앉는 것은 전혀 다른 문제입니다. 공부는 설득하기보다 아이가 스스로 할 수 있도록 도와줘야 합니다. 아이가 스스로 움직이게 하는 힘, 바로 학습 동기가 필요합니다.

학습 동기는 크게 세 가지로 나눌 수 있습니다. 공부하는 자체가 즐겁고 만족감을 주는 경우를 '내재적 동기', 칭찬을 받고 싶거나 벌을 피하고 싶어서 공부하는 경우를 '외재적 동기', 그리고 어떤 이유도 느끼지 못하는 상태를 '무동기'라고 합니다.

많은 부모가 '내 아이가 공부를 즐기는 아이였으면' 하고 내재적 동기를 바라지만, 현실에서 공부 자체를 즐기는 아이는 흔치 않습니다. 물론 처음에는 재미있게 시작할 수 있어요. 영어 학원에 처음 다녀온 아이에게 어떠냐고 물으니 "재미있어!"라고 대답할 수 있어요. 하지만 다니다 보면 당연히 지루해지고 힘들어져요. 시작은 재미로 해도 지속은 재미로 되지 않습니다.

처음에는 외재적 동기를 자극해주세요

그래서 아이가 공부를 '시작'할 수 있도록 그리고 '지속'할 수 있도록 도와주어야 합니다. 외재적 동기가 나쁜 것이 아닙니다. 오히려 아이가 공부를 시작하게 하는 불씨가 됩니다.

아이는 부모의 반응을 통해 자아상을 만들어갑니다. 꾸중을 들으면 '이건 하지 말아야지'라며 조심하고, 칭찬을 받으면 '이렇게 하면 좋아하는구나'라며 반복하려 합니다. 스티커를 100개 모으면 게임 칩을 살 수 있다고 해서 공부를 하다가 보니 중간중간 뿌듯한 감정이 생깁니다. 엄마가 억지로 공부하라고 해서 울고 짜증 내면서 공부를 시작하고 오랜 시간이 걸려 끝냈는데, 끝내고 나니 그냥 놀 때와 다른 마음이 듭니다.

처음에는 부모에게 잘 보이고 싶어서, 게임기가 갖고 싶어서, 유튜브를 보고 싶어서, 장난감이 갖고 싶어서 공부를 해요. 그렇게 보상을 받으려고 공부를 했다가 내재적 동기가 어쩌다 한 번씩 생기게 되는 것이죠. 공부를 할수록 내재적 동기를 느끼는 횟수가 많아지는 것입니다.

그 과정에서 작은 성공 경험을 반복하면 '나는 공부를 잘하는 아이'라는 자아상이 형성됩니다. 어느 순간 이 자아상은 점차 아이가 스스로를 이끌어 가는 힘이 됩니다. 즉 처음에는 스티커든 용돈이든 잘 유도해서 어떻게든 공부를 '완료'하는 경험을 하게 도와주세요.

🌱 실전 연습 공부 시작을 돕는 대화법

- 매일 할 일을 다 하면 어떤 보상을 받는 걸로 정해볼까?
- 오늘 숙제를 다 끝내면 네가 좋아하는 활동을 할 수 있어.
- 싫을 수 있어. 그래도 해야 해. 다 하고 나면 더 기분이 좋아질 거야.

아이가
공부를 좋아하게
할 수는 없을까?

"스티커를 받기 위해 공부하는 외재적 동기에서,

공부 자체가 재미있어서 하는 내재적 동기로 바뀌는 건 도대체 언제인가요?

자기가 좀 알아서 재미있게 공부했으면 좋겠어요!"

학부모들에게 "외재적 동기, 보상으로라도 일단 공부를 시작하게 해보세요!"라고 말하면, 대부분 이런 질문을 합니다.

"그럼 보상으로 공부하다가 어느 순간 공부 자체가 재미있어지는 내재적 동기로 바뀌는 건가요?"

부모들은 흔히 이렇게 생각합니다.

‘외재적 동기가 높으면 내재적 동기는 낮다. 내재적 동기가 높으면 외재적 동기는 낮다. 결국 외재적 동기에서 내재적 동기로 전환되는 순간이 온다.’

그러나 실제 연구에서는 그렇지 않습니다. 많은 연구 결과(Deci & Ryan, 2000; Schunk, Pintrich & Meece, 2007 등)에 따르면, 내재적 동기와 외재적 동기는 서로 독립적인 관계라는 것이 밝혀졌습니다. 즉 내재적 동기와 외재적 동기가 모두 높을 수도 있고, 둘 다 낮을 수도 있어요. 혹은 하나는 높고 다른 하나는 중간 정도일 수도 있죠. 이처럼 다양한 조합이 존재할 수 있습니다.

그래서 외재적 동기에서 내재적 동기로 확 바뀌는 전환의 순간이 찾아오지 않습니다. 내재적 동기는 외재적 동기의 ‘다음 단계’로 자동 변환되는 것이 아니기 때문입니다.

대신, 외재적 동기로 공부를 하던 아이도 중간중간 내재적 동기를 경험하게 됩니다. 예를 들어, 스티커를 받기 위해 숙제를 하던 아이가 과제를 끝냈을 때 뿌듯함을 느낀다면, 그 순간이 바로 내재적 동기를 경험하는 순간입니다.

어른들도 마찬가지죠. 어쩔 수 없이 해야 해서 하지만, 하다 보니 뿌듯하고 재미있어지는 순간들이 생기는 것이죠. 이런 순간들이 반복되면서 점차 더 자주, 더 길게 나타내며 내재적 동기를 맛보게 되는 것입니다.

그래서 외재적 동기를 적극적으로 활용하여 아이가 작은 성공 경험을 반복할 수 있도록 도와야 합니다.

외재적 동기의 수준 단계

외재적 동기는 단순히 '보상을 받기 위해 하는 것'이라고만 생각하기 쉽습니다. 하지만 아이들이 경험하는 외재적 동기에는 수준의 차이가 있습니다. 이 단계를 이해하면 부모가 아이를 어떻게 이끌어야 하는지 더 분명해집니다.

[1단계] 외적 조절: 보상, 칭찬, 처벌 회피 때문에 하는 단계

"스티커를 받으려고 숙제를 해요."

"엄마한테 혼날까봐 해요."

이는 가장 단순하고 낮은 수준의 동기이지만, 공부를 시작하게 하는 불씨가 됩니다.

[2단계] 내사된 조절: 안 하면 마음이 찝찝하고 죄책감이 들어서 하는 단계

"안 하면 불편해서 해요."

"선생님이 하라고 했으니까요."

조금 더 내면화되었지만 여전히 외부의 기준에 의존하고 있습니다. 2단계로 가기 위해서는 1단계를 계속 반복해야 합니다. 매일 해야 할 일이 있다는 것을 알고 할 수 있도록 도와주면 '오늘 내가 해야 할 공부가 있는데', '안 하면 찝찝한데' 하는 마음이 들어요.

초등학교 6년의 목표가 2단계라고 생각하면 됩니다. 꾸준한 반복으로 공부를 안 하면 찝찝한 마음이 드는 것! 이것을 목표로 삼아보세요.

[3단계] 동일시된 조절: 공부의 필요성과 유용성을 인식하는 단계

"영어를 배우면 나중에 쓸 수 있으니까 해요."

"수학은 수능을 잘 보려면 필요해요."

아직은 즐겁지 않아도, 스스로 의미를 부여하기 시작하는 수준입니다. 많은 부모가 3단계를 초등학생에게 기대해요. 자격증 시험을 앞두고 있거나, 수능이 다가와 입시의 불안함이 느껴지는 고등학생 정도는 되어야 '이 공부가 내게 필요하고 유용하구나'를 느껴요.

[4단계] 통합된 조절: 공부가 자신의 가치관이나 정체성과 연결되는 단계

"나는 공부하는 게 나답다고 생각해요."

"나는 배움이 중요한 사람이라고 느껴요."

외재적 동기 안에서도 가장 성숙한 단계로, 내재적 동기와 맞닿아 있는 상태입니다. 외재적 동기 안에서도 질적 성숙 과정이 있습니다.

처음에는 보상 때문에 억지로 시작하지만, 반복되는 성공 경험 속에서 '아, 이게 필요하구나' 하고 스스로 깨닫는 순간이 늘어납니다.

그렇다면, 어떻게 하면 내재적 동기를 높일 수 있을까요?

내재적 동기를 높이는 네 가지 방법

첫 번째는 자기 결정성, 즉 선택권의 허용입니다. 단 선택권이 지나치게 많이 부여될 경우 행동 동기가 오히려 감소하고, 선택을 원활하게 하지 못하는 선택 부담 현상이 발생할 수 있습니다.

따라서 학습 경험이 부족하거나 자기 효능감이 낮은 경우 무제한적인 자유를 주는 것이 아니라, 어느 정도 울타리를 주고 그 안에서 선택권을 주도록 해야 합니다. 예를 들어, "오늘 독서와 수학, 영어를 해야 하는데 어떤 순서로 할래?"와 같이 말이죠.

간단하게는 줄넘기를 한다고 해볼게요. "오늘 줄넘기 목표를 몇 개 이상으로 해볼까? 우리는 3학년이니까 최소 50개는 도전해봐야 하는데, 50 이상 중에서 목표를 몇 개로 정해볼래?" 이 정도의 선택권을 주는 것입니다.

두 번째는 적당하게 도전적인 과제의 제공입니다. 너무 어려운 것은 좌절감을 주고, 너무 쉬운 것은 흥미를 잃게 마련이죠. 난이도가 일정한 퍼즐 문제를 해결할 때보다 점점 난이도가 높아지는 퍼즐을 수행할 때 학습자의 내재적 동기가 더 높아집니다.

단순히 영어 대화문을 따라 하는 것을 반복하는 것보다 처음에는 따라 하고, 다음에는 빈칸을 넣어서 말하고, 그다음엔 모두 외워서 말하는 식으로 적절하게 도전 수준을 높이면 훨씬 더 재미있게 참여합니다. 아이의 수준에 맞는 책, 문제집을 제공하는 것은 도전적인 과제를 제공하는 것입니다. 아이의 공부 과정을 옆에서 지켜봐주고, 맞지 않으면 학원도 바꿔보고, 서점에 가서 문제집도 같이 골라보고 하는 것이죠.

세 번째는 피드백의 제공입니다. 내가 해야 할 숙제가 있는데 해도 아무도 확인해주지 않습니다. 어떤 부분이 잘못되었고, 무엇을 더 배워야 하고, 어떤 건 잘했는지 아무 피드백도 받지 못합니다. 그러면 하고 싶어질까요? 피드백은 학습 그 자체에 흥미를 가질 수 있게 합니다. 잘한 부분, 보완할 부분을 즉시 알려주면 잘한 것은 더 잘하게, 부족한 부분은 보완해야겠다는 자극을 받을 수 있습니다.

감시·평가 위주의 분위기는 동기를 약화시키고 안정된 애착과 지지, 격려가 내재적 동기를 키웁니다. 아이가 공부를 할 때, 어릴수록 옆에서 바로 지켜봐야 하는 이유가 이것입니다. 엄마가 옆에 앉아 지켜보는 것, 고개를 끄덕이는 것 자체만으로 피드백이 될 수 있기 때문이죠.

넷째, 외재적 동기에 의해서 움직였지만 내재적 동기를 건드려주는 칭찬을 해주세요. 단순히 "오늘 할 일 다했네. 잘했으니 오늘 스티커 받자" 하는 외재적 동기에서 더 나아가 아이의 정체성을 '절제력을 가진 아이', '공부의 뿌듯함을 느낄 수 있는 아이', '계획을 세운 것을 지키는 힘을 가진 아이' 등으로 만들어 칭찬해주는 것입니다.

"역시 우리 아들은 계획을 세우고 지킬 수 있는 사람이야."

"자기가 말한 것을 지키는 것은 쉽지 않은 일인데, 네가 그렇게 지키려고 노력하는 모습을 보고 엄마가 배운다."

"대부분 자기가 말한 것을 지키지 못해. 그런데 넌 그것을 지키려고 노력하니 대단한 거야."

"역시 넌 포기를 모르는 사람이야."

이렇게 말입니다. 단순히 과제나 행동에 대한 칭찬 '잘했어' 외에 '○○하는 사람'이라는 정체성 칭찬을 자주 활용하면 아이 역시 '나는 ○○하는 사람이야'라는 생각을 하게 되는 것이죠.

1) 자기결정성(선택권 주기)

- 이건 네가 꼭 해야 할 일이야. 하지만 순서는 네가 정해도 돼.

- 오늘은 독서, 수학, 영어 중에서 어떤 걸 먼저 하고 싶어?

- 우리는 3학년이니까 최소 줄넘기 50개는 해야 해. 그 이상은 네가 목표를 정해볼래?

2) 적당히 도전적인 과제 제공

- 이 문제는 조금 어렵지만 네가 해낼 수 있어. 도전해보자.

- 지난번에는 여기까지 했으니까 이번엔 한 단계 더 나아가보자.

- 처음엔 낯설어도, 해낼수록 네 능력이 커질 거야.

3) 피드백 제공

- 이 부분은 정말 잘했어. 여기 조금만 더 보완하면 더 완벽해지겠다.

- 네가 고생해서 푼 문제, 여기에서 배울 점이 있구나. 다음엔 더 잘할 수 있겠다.

- 엄마가 보니까 이건 네가 아주 많이 발전한 부분이야.

- 이 실수 덕분에 새로 배우는 게 있네.

- 문제를 풀면서 고민한 시간이 너를 더 단단하게 만들었어.

4) 정체성 칭찬

- 대부분은 포기하기 쉬운데 넌 포기를 모르는 사람이구나.

- 너는 책임감 있는 사람이야. 그래서 엄마가 참 믿음직하다.

- 넌 배우는 걸 즐길 줄 아는 사람이구나.

- 네 안에는 계속 성장하는 힘이 있다는 게 보여.

언제쯤
스스로 공부할까?

"공부는 누가 시켜서 하는 게 아니라 자기 공부라는 것을 아이가 알았으면

좋겠어요. 마치 엄마를 위해 공부를 해준다는 듯이 굴어서, 이게 맞나 싶어요.

'그럴 거면 공부하지 마!' 하고 협박도 해보지만 결국 혼날까 봐 공부해요.

어떻게 하면 좀 몰입해서 공부하는 아이가 될 수 있을까요?

언제쯤 자기주도학습을 할 수 있을까요?"

학습에 있어서 주도권을 가져야 같은 시간 공부해도 효율이 나고, 스스로 더 궁금한 것들을 찾아보고 파보면서 진짜 공부다운 공부를 할 수 있게 되죠. 그런데 그게 쉽지 않아요. 일단 내가 좋아하고 공부하고 싶은 분야를 공부하는 것이 아니라 기초 체력 훈련을 하고 있잖아요. 모든 과목을 적정한 수준까지 끌어올리는 공부가 학

령기의 공부거든요.

게다가 눈앞에 성적이 나오고, 대학 입시를 앞두고 있는 중·고등 시기가 아니에요. 그래서 초등 시기에 자신이 주도권을 갖고 자기주도학습을 한다는 것은 정말 힘들어요.

3학년인데도 자기주도학습을 곧잘 하는 아이가 있는가 하면, 6학년이 되어도 제대로 공부를 해보지 않았거나 시키는 것만 할 줄 아는 아이도 많습니다. 이는 자기주도학습이 나이에 따라 자동으로 완성되는 능력이 아니라는 뜻입니다. 이는 아주 복잡하고 어려운 과정이어서 중·고등학생조차 온전히 해내지 못하는 경우가 많습니다. 따라서 부모는 조급해하기보다, 초등학교 6년 전체를 자기주도학습을 향한 준비 과정으로 삼아야 합니다.

'언젠가 우리 아이도 자기 힘으로 공부할 수 있도록 지금은 차근차근 연습한다'는 마음으로 긴 여정을 바라보는 것이 필요합니다. 공부를 하면서 부모의 역할은 비난과 잔소리가 아니라 코치입니다. 어떻게 하면 혼자 해낼 수 있는지 도와주는 역할을 하는 거죠.

그림을 그리거나 악기를 배우는 과정이라고 생각해보세요. 어떻게 그리면 좋을지, 어떻게 연주하면 좋을지 하나하나 가르쳐주잖아요. 혼자 연습할 시간도 주고요. 옆에서 봐주면서 잘못된 것을 고쳐주기도 합니다.

부모들은 그림 그리기나 악기 연주 같은 건 결과물이 눈에 보이니까 자연스럽게 옆에서 하나하나 도와주고, 연습시키고, 잘못된 부분을 고쳐줘야 한다고 생각합니다. 그런데 공부는 다르다고 여기죠. 공부는 원래 혼자 하는 것이라고 믿거나, 학교나 학원에서 배우니까 집에서는 스스로 알아서 해야 한다는 기대를 합니다.

하지만 공부도 기술을 익히는 훈련 과정이라는 점에서 그림이나 악기와 다르지 않습니다. 처음엔 방법을 알려주고 옆에서 같이 연습해주어야 합니다. 스스로 계획을 세우고, 계획한 것을 실천해나가고, 글을 읽고 정리하고, 문제를 푸는 과정을 배워가는 것입니다. 그래야 아이가 점차 혼자 해낼 힘을 기르게 됩니다. 공부 역시 지도와 연습, 점진적인 독립이 필요합니다.

자기주도학습을 익히는 세 단계

자기주도학습은 세 가지 핵심 요소(학습 동기·학습 전략·메타인지)가 연결된 과정으로 설명할 수 있습니다. 여기에 부모가 아이를 어떻게 도와야 할지 힌트가 담겨 있습니다.

1) 저학년: 학습 동기 ― 반복과 계획 실행

공부를 시작하는 초반부일수록 알려주고 연습해야 합니다. 저학년 때는 부모의 역할이 절대적으로 필요합니다. 공부 계획을 세우고, 점검을 도와주고, 막힐 때 정답을 알려주는 대신 힌트를 주면서 직접적으로 함께하는 것이죠.

고학년이더라도 공부에 익숙하지 않으면 직접적인 도움이 필요합니다. 특히 저학년에는 '이렇게까지 하는데도 습관이 안 잡힌다고?' 싶을 정도로 반복해서 알려주어야 합니다.

자기주도학습의 출발점은 계획 세우기입니다. 계획이 서툴다면 체크리스트로 시작하세요.

예 연산 학습지 3장, 독서 1권, 영어 영상 2개

끝낼 때마다 체크(✔)하며 미션 완료의 성취감을 주는 것입니다. 실행에 실패해도 괜찮습니다. 중요한 것은 계획-실행-점검을 반복하는 경험입니다.

자기주도학습은 어느 날 갑자기 혼자 하게 되는 것이 아닙니다. '미션 클리어'에서 '미션 메이커'로 이동하는 과정입니다. 즉 부모가 미션을 제시하고 아이가 수행하는 단계를 지나, 아이 스스로 목표를 만들고 실행하고 실패도 경험하며 조정하는 단계로 나아가는 것입니다.

부모는 "왜 안 했니?" 하고 닦달하기보다, "어떻게 하면 지킬 수 있을까?"를 함께 고민하는 조력자가 되어야 합니다. 하루 공부를 하지 않

았다고 비난하기보다는 계획을 지킬 수 있는 구조를 만들어주세요.

매일 공부할 시간을 정하고 그 시간이 되면 공부 분위기로 만들고 거실 책상에 같이 앉아요. 하루의 계획을 잘 보이는 곳에 붙여두세요. 그리고 아이가 해야 할 교재나 읽어야 할 책을 펼쳐놓습니다.

매일 하는 것은 쉽지 않아요. 중요한 것은 끊지 않고 연결해나가는 것입니다. 며칠 못 해도 괜찮아요. 또 다음날부터 하면 됩니다. 반복하고 또 반복하세요.

2) 중학년: 학습 전략 — 공부법을 적용하는 힘

공부할 때 활용하는 구체적인 방법(정리하기, 그림 그리기, 문제풀이 방식 등)을 알고 적용합니다. 예를 들어 중요한 부분에 밑줄 긋기, 오답노트 만들기, 말로 설명하며 외우기, 그림을 그리면서 정리해 보기와 같은 것들이에요.

계획을 실행하며 아이가 수학 문제에서 막힐 때, "문제를 다시 읽어볼까?", "여기 중요한 단어에 밑줄을 그어볼까?"라는 말로 아이가 스스로 답을 찾을 수 있도록 도와주세요. 아이가 단순히 문제집을 '많이 푸는 것'에만 집중하지 않도록 지도하세요.

"틀린 문제는 어떻게 다시 정리할까?", "읽은 내용을 그림으로 표현해볼까?"처럼 방법을 다양하게 시도하게 도와주는 것이 중요합니다. 이런 경험이 쌓이면 아이는 '나는 스스로 풀어낼 수 있다'는 자기 효능감을 얻고, 그 자체가 자기주도학습의 기반이 됩니다.

3) 고학년: 메타인지 ― 생각을 점검하는 힘

'메타인지'는 내가 아는 것과 모르는 것을 구분하고, 공부 과정을 조절하는 능력입니다. 즉 '이 부분은 잘 이해했지만, 저 부분은 아직 헷갈려' 하고 스스로 깨닫고, 어떤 부분을 더 공부할지 조절하는 것이죠.

저학년에서 계획과 실행에 대한 연습을 했고, 중학년에서 공부를 하는 다양한 방법을 배웠다면 고학년에서는 내가 부족한 것, 모르는 것을 찾아내고 보완해나가며 공부의 주도권을 정말 아이가 갖게 하는 것입니다.

"오늘 공부한 것 중에서 가장 잘 이해된 건 뭐야?"

"다시 봐야 할 부분은 어디라고 생각해?"

이렇게 질문하면 아이가 자기 공부 상태를 점검하는 습관을 가질 수 있습니다.

혹시 아이가 지치면 공부 양이나 수준을 조절해주고, 보상도 같이 정해요. 무엇보다 중요한 것은 '나는 공부하면 잘할 수 있어'라는 믿음, 즉 공부 낙관주의입니다. 이 믿음은 반복되는 성공 경험에서 나옵니다. 과제를 끝냈을 때, 즉각적인 피드백과 칭찬이 돌아올 때, '해보니 할 만하다'는 감각이 생깁니다. 반대로, 실패가 계속되거나 부정적 피드백이 누적되면 아이는 금세 '어차피 해도 안 돼'라는 좌절감에 빠집니다.

꾸준하게 성공 경험을 쌓다 보면 공부를 시작하고 꾸준히 이어가게 하는 내적·외적 힘인 학습 동기가 생기게 됩니다. 그래서 '이번에는 지난번보다 점수를 올리고 싶어', '이 책을 다 읽으면 몰랐던 것을 알게 돼', '새로운 것을 찾아보고 싶어' 하는 마음이 생기게 됩니다.

또한 아이가 학습에 집중할 수 있으려면 마음이 편안해야 합니다. 가족이나 친구와 갈등이 있어 마음을 쓰게 된다면 지적인 에너지가 남지 않아요. 그래서 부모가 할 수 있는 일은 마음이 편안한 가정 분위기를 만들어주는 것입니다. 또 학교생활이나 친구 관계에서 속상한 일을 편안하게 터놓을 수 있는 상대가 되는 것이에요.

자기주도학습은 조급하게 진도를 당기는 것이 아니라 아이가 스스로 학습할 수 있도록 서서히 독립시키는 과정입니다. 초등 6년의 목표를 '자기주도학습 완성'이 아니라 '자기주도학습을 위한 준비와 성장'으로 두세요. 아이와 함께하며 작은 성공을 경험하게 하고, 계획과 점검 습관을 길러주세요. 아이와 대화하며 불편한 것들을 조절하면서 공부 낙관주의를 심어주세요.

1) 계획 세우기

- 오늘은 어떤 걸 먼저 해볼까? 네가 순서를 정해보자.
- 계획을 세우는 건 네가 지금 어디 있는지 확인하는 거야.
- 못 지켜도 계속 하는 것이 중요해. 내일은 어떻게 하면 지킬 수 있을까 같이 생각해보자.

2) 실행 도와주기

- 문제를 다시 읽어볼까?
- 중요한 단어에 밑줄을 그어보자.
- 어제 풀었던 문제랑 비슷하지 않아? 연결해볼래?
- 정답은 알려주지 않을게. 대신 힌트를 줄게. 네가 찾는 게 더 의미 있어.

3) 성취 경험 연결하기

- 끝까지 해냈구나! 네 노력이 보인다.
- 계획한 것 중 두 개나 마쳤네. 이건 네가 해낸 성취야.
- 해보니 생각보다 할 만하지?
- 오늘은 네가 혼자 해낸 부분이 있어서 엄마가 더 든든하다.

4) 공부 낙관주의 심어주기

- 너는 공부하면 잘할 수 있는 아이야.
- 오늘 해본 것처럼, 조금씩 하면 점점 더 잘할 수 있어.
- 공부는 네가 연습할수록 힘이 커지는 거야, 마치 운동처럼.

실전 연습 공부 독립을 도와주는 대화법

아이의 공부를
제대로
도와주고 있는 걸까?

"엄마표 학습을 하는 엄마들이 많은데 저는 교육이 전공도 아니고, 잘 몰라서 괜히 잘못 알려줄까 봐 걱정돼요. 학원을 보내고 있는데도 제대로 공부하고 있는 건지 모르겠어요."

부모가 아이를 위해 할 수 있는 가장 큰 지원은 직접 공부를 가르치는 것이 아닙니다. 공부할 수 있는 환경을 마련해주고, 학습 루틴을 세워주며, 정서적으로 지지해주는 것이 핵심입니다.

먼저 생활 습관을 통한 학습 지원이 필요합니다. 아이가 집중할 수 있도록 조용한 자리를 마련해주고, 적절한 조명과 학용품을 준비해주는 것만으로도 '앉으면 공부가 되는 자리'가 됩니다.

저는 어릴 때 집에 책상이 여러 군데 있었어요. 식탁에서 공부를 했다가 방에 있는 책상에서 공부했다가, 거실에서 앉은뱅이책상을 펴고 공부했어요. 수학 문제집은 부엌에서 풀고, 독서는 방에서 했다가, 영어 숙제는 거실에서 하곤 했죠. 그렇게 하면 지루함이 덜해지고 집중이 되더라고요.

저희 아이 역시 거실에 책상이 3개 있습니다. 거실에 책상이 하나 있고, 접었다 폈다 하는 좌식 상도 사용하고, 작은 식탁 겸용 테이블도 있어요. 그래서 공부 전에 항상 물어요. "1, 2, 3번 책상 중 어디에서 공부할래?" 하고요. 이런 공간을 같이 생각하고 마련하고 선택하는 것은 자율성을 기르는 데도 도움이 됩니다.

또한 수면, 식사, 운동 같은 생활 리듬은 학습력과 직결되기 때문에 규칙적인 생활을 지켜주는 것이 중요합니다. 학교에 다니면서 가장 힘든 게 제시간에 일어나서 아침을 먹고 제시간에 등교하는 것입니다.

자기 물건을 스스로 챙기고 정리하는 습관도 학습의 연장선에 있습니다. 부모가 대신 챙겨주기보다 아이가 스스로 할 수 있도록 해주세요. 기본적인 것이 가장 중요합니다.

독서와 대화 역시 중요한 지원 방식입니다. 집 안 곳곳에 책을 두고, 부모가 먼저 책을 읽는 모습을 보여주는 것만으로도 아이는 자연스럽게 독서 습관을 배웁니다.

정서적 지지가
학습 동기의 핵심입니다

자기주도학습을 위해 피드백을 할 때 처음에는 부모와 함께 계획표를 짜고, 점차 아이가 혼자 오늘의 할 일을 정리해나갑니다. 하루가 끝날 때는 '오늘 잘한 것 하나, 아쉬운 것 하나, 내일 바꾸고 싶은 것 하나'를 나누며 자기 성찰 습관을 기를 수 있어요. 이 과정에서 중요한 것은 성적보다 과정을 인정하는 태도입니다. "조금씩 나아지고 있어"라는 메시지를 반복적으로 들려줄 때 아이는 낙관적인 학습 태도를 키워갑니다.

정서적 지지는 학습 동기의 핵심입니다. 결과보다는 노력과 과정을 칭찬해주고, 실패했을 때 화를 내기보다 "여기서 무엇을 배우면 좋을까? 어떻게 하면 좋을까?"라고 접근하면 자기조절력을 배워갈 수 있어요. 무엇보다 중요한 것은 부모와의 안정된 관계입니다. 아이가 좌절했을 때 곁에 있어주는 것만으로도 학습 불안을 크게 줄일 수 있습니다.

학교와의 연결 고리가 되어 주는 것도 필요합니다. 가정에서 어떤 지원이 필요한지 확인해보세요. 학교에서 강조하는 태도와 가정에서의 태도가 충돌하지 않도록 일관성을 유지하는 것이 중요합니다.

아이의 학습에서 가장 중요한 것은 '조금씩, 그러나 매일'이라는 꾸준함입니다. 결국 부모가 해줄 수 있는 가장 확실한 교육 지원은 환경, 루틴, 정서적 지지입니다. 독서와 대화, 작은 계획과 성찰, 성취의 경험을 통해 아이가 스스로 공부하는 힘을 기르는 것. 이것이야 말로 가장 든든한 투자입니다.

실전 연습　공부 습관 점검 대화법

1) 생활 습관

- 네가 집중할 수 있는 공간을 여기저기 같이 만들자.
- 잠자는 시간, 일어나는 시간을 지키면 몸도 머리도 마음도 건강해져.
- 챙겨야 할 것 다 챙겼지?

2) 독서

- 책 속에서 제일 재미있었던 장면은 뭐였어?
- 네가 주인공이라면 어떻게 했을까?

3) 자기주도학습과 성찰

- 오늘 잘한 거 하나만 말해줄래?
- 틀려도 괜찮아. 중요한 건 네가 스스로 해냈다는 거야.

4) 정서적 지지와 동기 부여

- 네가 포기하지 않고 끝까지 해낸 게 대단해.
- 조금씩 나아지고 있어. 그게 제일 중요한 거야.
- 이번에 힘들었다면, 거기서 뭘 배우면 좋을까?

5) 학교와의 연결

- 학교에서 선생님이 강조하는 걸 우리 집에서도 같이 지켜보자.
- 엄마, 아빠는 네가 학교에서 배우는 걸 믿고, 또 응원해.

공부와 입시,
어떻게
연결될까?

"교육 용어도 복잡하고, 입시 제도도 혼란스러워요.

초등학교 때부터 신경을 써야 할까요?"

초등학교부터 고등학교까지, 학습이 어떻게 진행되는지 먼저 살펴볼게요.

초등학교 때는 '과정중심평가'를 받습니다. 과정중심평가란 아이의 시험 점수만 보는 것이 아니라, 배우는 과정 전체를 살펴보는 평가 방식입니다. 교사는 아이가 수업에 어떻게 참여했는지, 발표·토론에서 어떤 의견을 냈는지, 과제나 탐구 활동을 어떻게 풀어갔는지를 기록합니다.

단순히 맞혔는지 틀렸는지가 아니라 생각 과정, 문제 해결 전략, 태도와 변화가 모두 평가의 근거가 됩니다. 따라서 초등학교 시절은 '점수를 따는 연습'이 아니라, 과정에서 배우는 힘, 학교생활의 태도를 기르는 시기라고 이해해야 합니다.

중학교는 초등학교와 고등학교를 잇는 다리 역할을 합니다. 특히 1학년 때는 '자유학기제'를 통해 성적 경쟁 대신 참여·탐구·진로 탐색을 경험하게 됩니다. 학생의 자기주도적 학습 능력을 기르고, 진로 탐색 기회를 제공하기 위해 중학교 1학년 한 학기 동안 시험 없는 학기로 운영되는 제도입니다.

자유학기제

학생들은 총 102시간 이상의 자유학기 활동을 경험합니다.

- 주제 선택 활동: 교과에서 확장된 주제를 융합적으로 탐구하는 프로젝트 활동
- 진로 탐색 활동: 자신의 적성과 소질을 찾아보고, 미래의 진로를 스스로 설계하는 학습 기회

자유학기제에서는 교사가 일방적으로 지식을 전달하는 것이 아니라, 학생 참여형 수업이 중심이 됩니다.

- 디지털 기반 학습 도구를 활용한 탐구와 실험

- 친구들과 함께하는 프로젝트

- 토론과 발표 활동을 통한 표현 경험이 수업의 핵심을 이룸

이 과정에서 학생들은 단순히 '정답'을 배우는 것이 아니라, 어떻게 배우고 생각하는지를 직접 경험하게 됩니다. 자유학기제에서는 지필 시험을 치르지 않습니다. 시험 점수 대신, 학습 과정과 태도, 성찰 기록이 평가의 근거가 됩니다.

성취도는 산출하지 않고, 성취도 란에는 'P(Pass)'로만 표시됩니다. 교사는 학생 개개인의 성장과 발달 정도를 사례 중심으로 기록하여 생활기록부에 남깁니다. 즉 한 번의 시험 결과보다 보고서·발표·포트폴리오 같은 과정 증거가 성취를 드러내는 중요한 자료가 됩니다.

자유학기제는 '쉬는 학기'가 아닙니다. 탐구-표현-성찰 루틴을 연습하는 훈련의 장입니다. 초등 시절부터 독서력, 글쓰기, 발표·토론 경험, 자기주도 루틴을 쌓아두면 자유학기제를 가장 값지게 활용할 수 있습니다. 정리하면, 중학교 공부는 성적 경쟁의 시작이 아니라 자기주도와 진로 탐색을 훈련하는 단계입니다.

고교학점제에서는 대학처럼 과목을 선택해 듣습니다. 따라서 스스로 계획하고 관리하는 자기주도력이 핵심입니다.

학교생활기록부의 세부능력·특기사항(세특)에는 아이가 수업 중

어떤 탐구를 했는지, 어떤 질문과 성찰을 남겼는지가 기록됩니다. 수능 역시 단순 암기가 아니라 독해·추론·자료 해석 중심으로 바뀌었기 때문에, 결국 문해력과 사고력이 승부처가 됩니다.

초등에서 반드시 잡아야 할 것

최근의 교육 정책 변화를 살펴보면, 하나의 공통된 키워드를 발견할 수 있습니다. 바로 자기주도성, 문해력, 비판적 사고입니다. 예를 들어, 고교학점제는 고등학교에서도 대학처럼 학생이 원하는 과목을 선택해 이수하는 제도입니다. 자연스럽게 자기 스스로 과목을 설계하고, 시간표를 짜고, 학습 계획을 세우는 능력이 요구되죠.

또한 IB(International Baccalaureate) 프로그램은 국제적으로 통용되는 교육 과정으로, 단순한 지식 습득이 아니라 탐구·토론·비판적 사고·에세이를 중심으로 운영됩니다. 여기서 가장 중요한 기반은 결국 글쓰기와 사고력입니다.

AI 교육 역시 단순한 코딩을 넘어서 데이터 활용과 AI 윤리까지 확장되고 있습니다. 이는 결국 수학적 사고와 문해력을 기반으로 해야 이해할 수 있습니다. 이처럼 교육 정책의 흐름은 모두 같은 방향을 가리킵니다. 아이가 스스로 배우고, 생각을 표현하고, 협력하는 힘을 갖추도록 요구하는 것입니다.

부모는 이제 아이의 성적표에만 집중하기보다, 아이가 자신의 적성을 찾고 과정에서 성장하는 경험을 충분히 누릴 수 있도록 도와야 합니다.

입시는 끊임없이 바뀌지만, 그 바탕은 변하지 않습니다. 아이가 초등학교 시절 반드시 다져야 할 본질적인 요소는 네 가지입니다.

첫째, 기초 학습입니다. 읽기·쓰기·셈하기가 흔들리면 중학교 내신부터 어려워집니다. 모든 과목 학습의 뿌리가 바로 이 기초에서 시작됩니다.

둘째, 독서 습관입니다. 독서는 국·영·수·사·과 모든 과목의 이해를 넓혀 줄 뿐 아니라, 나중에 논술과 면접까지 이어지는 힘을 길러 줍니다.

셋째, 자기주도 루틴입니다. 체크리스트를 활용해 필수 과제와 선택 과제를 구분하고, 학습을 마친 뒤에는 스스로 학습 회고를 하며 계획-실행-점검-조정의 과정을 반복 훈련하는 습관을 심어주는 것이 필요합니다.

넷째, 공부 낙관주의입니다. '하면 는다'는 믿음을 아이 안에 심어주어야 합니다. 부모가 작은 성공 경험을 쌓게 도와줄 때, 아이는 자신감과 지속적인 동기 부여를 얻습니다.

교육 제도는 계속 변하고 있습니다. 자유학기제, 고교학점제, 수능과 내신까지 어떤 제도가 등장하든, 흔들리지 않는 힘은 따로 있습니다. 초등 시절에 과정 중심으로 배우는 습관, 책 읽는 습관, 스스로 계획하고 실행하는 습관을 심어주는 것입니다.

부모가 아이에게 줄 수 있는 가장 큰 선물은 성적이 아니라, 공부하는 과정을 즐기고 기록하는 힘입니다. 이 힘이 자리 잡으면, 어떤 제도 변화 속에서도 아이는 자신만의 길을 찾아갈 수 있습니다.

핵심 코칭 초등 공부를 입시와 연결하는 체크리스트

- [ ] 아이가 학년별 반드시 해야 하는 기초 학습에서 흔들림이 없는가?
- [ ] 매일 또는 주 2~3회 이상 책 읽는 습관을 꾸준히 유지하고 있는가?
- [ ] 학습 계획을 스스로 세우고, 체크리스트나 기록을 통해 실행-점검-조정을 경험하고 있는가?
- [ ] 작은 성공을 꾸준히 경험하고 있는가?
- [ ] 아이의 성장 과정과 태도에 더 관심을 두고 있는가?

저학년(1~2학년)의 공부는 어디에 중점을 두어야 할까?

"1학년과 2학년 아이들의 공부는 쉽게 보이기도 하고 놀기도 많이 하라고 하는데, '이 정도면 충분한 걸까?' 하는 고민이 늘 따라옵니다. 아이는 놀이터에서 뛰어노는 시간이 제일 즐겁지만, 부모 눈에는 그 시간을 모두 흘려보내는 것처럼 느껴지기도 합니다. '놀리기만 해도 괜찮을까?'라는 불안한 마음이 듭니다."

요즘에는 동네 상황에 따라 다르지만 놀이터에 나가도 친구들이 없다고 하죠. 제가 교사를 하면서 느낀 점은 요즘 아이들은 노는 것도 방법을 잘 모른다는 점입니다. 자유 놀이 시간을 주면 무엇을 해야 할지 몰라요. 그러다가 저에게 묻습니다.

"선생님, 스마트폰 해도 돼요?"

놀이터에 나가도, 방과후에 학교 곳곳에서도 스마트폰으로 게임을 하는 모습을 자주 볼 수 있어요.

그런데 학습 면에서도 놀이 경험은 큰 자산이 됩니다. 놀면서 '순서', '규칙', '기다림' 같은 개념을 자연스럽게 배우게 됩니다. 이는 곧 수학적 사고, 언어적 표현, 사회적 협력으로 이어집니다.

또한 저학년 아이들의 발달 특성상 아직 긴 시간 동안 집중하기 어려워, 한 번에 오래 앉아 공부하는 것이 힘듭니다. 대신 호기심이 많아 새로운 것에 쉽게 관심을 가지며, 눈으로 보고 손으로 만지는 활동을 통해 배우는 것을 좋아합니다.

사고방식은 아직 구체적 단계에 머물러 있기 때문에 눈앞에 있는 사물이나 경험을 기반으로 이해하는 것이 효과적입니다. 그러나 자기조절 능력이 미숙하여 즉흥적으로 행동하는 경우가 많습니다. 그래서 '기다리는 경험', '순서를 지키는 활동', '작은 목표를 세우고 완성하는 경험'을 반복하면 조금씩 자기조절력이 자랍니다.

자기조절력 기르기

- 공부 시간은 짧게, 할 수 있을 만큼 계획 세우고 완료하기
- 규칙 있는 생활 루틴 만들기
- 기다림이 필요한 보드게임, 규칙이 있는 놀이 활용하기

저학년 시기는 학습적으로 '터를 잡는 시기'라고 할 수 있습니다. 교과서가 국어와 수학, 그리고 주제별 통합교과로만 구성된 것도 다 이유가 있습니다. 아직은 세부 과목 지식을 본격적으로 받아들이기보다는 학교생활에 적응하고, 학습을 준비하며, 자신의 생활을 조금씩 독립적으로 해나가는 연습이 더 중요하기 때문입니다.

따라서 이 시기에는 무엇보다도 기초 학습의 기본기를 다지는 것이 핵심입니다. 읽기·쓰기·셈하기 같은 기본기를 매일 조금씩 반복하는 습관이 필요합니다. 다만 아이들의 집중력은 짧기 때문에, 힘들어할 때는 긴 시간보다 10~15분 단위로 나누어 짧게 공부하거나, 공부의 종류를 바꾸어가며 진행하는 방식이 훨씬 효과적입니다.

1학년의 공부: 생활 습관과 기초 활동 능력

1학년과 2학년 사이에도 발달 차이가 크게 납니다. 1학년은 무엇보다도 생활 습관과 기초적인 활동 능력을 다지는 시기입니다. 자신의 물건을 챙기고, 지루해도 책상에 앉아 있는지 확인하는 것만으로도 중요한 성장 과제가 됩니다. 글씨를 쓰고, 색칠하고, 가위로 자르며, 연필을 올바르게 잡고 쓰는 훈련 역시 이 시기에는 꼭 필요한 과정입니다.

그런데 실제 교실에서 보면, 영어책은 술술 읽으면서도 연필은 제대로 잡지 못하거나, 사물함 정리는 서툴고 기본 생활 습관은 잘 잡히지 않은 아이들이 있습니다. 겉으로 보기엔 학습이 앞서 있는 것처럼 보여도 생활의 기본기와 기초 활동 능력이 부족한 경우가 적지 않습니다. 그렇기 때문에 이 시기에는 학습 성취보다도 생활 습관과 기초 활동을 함께 점검하고 도와주는 것이 무엇보다 중요합니다.

특히 1학년에서 강조되어야 할 부분은 한글 읽기에 익숙해지는 것입니다. 이미 한글을 뗀 아이들도 있고, 아직 떼지 못한 아이들도 있습니다. 한글을 뗐더라도 맞춤법은 서툴 수 있고, 그림책조차 읽기 어려워하는 경우도 있습니다. 반대로 글이 많은 책을 읽는 아이들도 있죠.

이렇게 속도 차이가 크지만, 공통적으로 1학년 내내는 책과 친해지는 경험을 충분히 하게 해야 합니다. 한글을 안다고 해서 곧바로 독서를 편하게 이어갈 수 있는 것은 아닙니다. 마치 영어 파닉스를 배웠다고 영어책을 바로 편안하게 읽을 수 없는 것과 같습니다. 따라서 다양한 책을 함께 읽으며 자연스럽게 독서 경험을 쌓는 과정이 꼭 필요합니다.

영어 역시 마찬가지입니다. 이 시기에는 소리와 친해지는 경험이 우선입니다. 영어 영상을 보고, 오디오를 들으며 언어의 소리에 익숙해지는 시간이 필요합니다. 1학년은 책을 많이 읽어주고, 영어 영상을 통해 영어 소리와 친해지게 해주세요.

　최소한의 학부모 문해력

2학년의 공부: 안정감 있는 생활과 학습

1학년의 어리바리한 모습에 걱정이 많았던 시간도 어느덧 지나가고, 무사히 한 해를 마치면 부모와 아이 모두 한결 마음이 놓입니다. 2학년이 되면 여전히 1학년의 성향이 남아 있지만, 학교생활에 익숙해지면서 훨씬 여유롭고 즐겁게 생활하게 됩니다. 선생님, 친구들과의 관계도 한층 친숙해지고, 학교 안에서의 모습이 유연해집니다.

1학년 때는 생활 습관과 기초 활동에 집중했다면, 2학년은 조금 더 안정감 있는 토대 위에서 학습과 생활을 이어가는 시기입니다. 그렇기 때문에 학부모님들도 학습에 더 눈이 갑니다.

하지만 공부에 지나치게 욕심을 낼 필요는 없습니다. 겉으로 보기엔 그냥 노는 것 같아도, 아이들은 놀이에서 많은 것을 배웁니다. 친구들과 함께 놀면서 의견이 다를 때는 합의점을 찾아내고, 억울한 일이 생기면 자기 생각을 표현하는 법을 배웁니다. 새로운 규칙을 만들어 가며 문제 해결력을 키우고, 혼자 놀다가도 궁금한 것이 생기면 책을 읽거나 스스로 찾아보기도 합니다. 놀이를 통해 호기심은 자라고, 세상에 대한 질문과 탐구심이 자연스럽게 싹틉니다.

이때는 흥미로운 책을 중심으로 조금 더 긴 글에 도전해보는 것이 좋습니다. 수학은 여전히 연산 훈련에 집중되는 시기입니다. 영어는 소리에 친숙해지는 과정을 이어가면서 점차 읽기로의 확장을 시도할 수 있습니다.

저학년 시기에는 대부분 부모가 아이의 학습 계획을 대신 세워줍니다. 하지만 "수학 문제집 가져와, 책 읽어"라고 지시하면, 아이로서는 방향이 보이지 않는 길을 무작정 걷는 것과 같습니다. 아이는 스스로 오늘 무엇을 해야 할지 알고 선택하는 경험을 해야만 학습에 주도성을 느낍니다. 따라서 하루의 학습 목표를 아이와 함께 이야기해보고, 기록하여 시각화하는 것이 효과적입니다.

이 과정을 통해 아이는 단순히 누군가의 지시에 따라 움직이는 '미션 클리어' 단계에서, 점차 스스로 계획을 세우고 실행하는 '미션 메이커' 단계로 성장해갑니다. 처음에는 부모가 짜준 계획을 실행하고, 그 과정을 지켜보고 선택하는 경험을 쌓으면서, 결국에는 아이가 스스로 하루의 학습 계획을 세울 수 있게 되는 것이죠.

2학년은 아이가 이제 제법 책도 읽고 공부에도 흥미를 보이기 시작하는 시기지만, 여전히 공부에 욕심을 내기보다 놀이와 경험을 통해 세상을 배우는 과정이 중심이 되어야 합니다. 밥을 하고 뜸을 들이듯, 학교와 책, 생활 속에서 얻은 배움을 천천히 소화할 시간이 필요합니다. 기초적인 읽기, 쓰기, 셈하기, 책 읽기, 가족과의 즐거운 시간, 친구들과의 놀이를 놓치지 마세요.

정리하면, 1~2학년 시기는 다음 사항에 집중하는 시기라고 할 수 있습니다.

실전 연습 · 저학년 부모의 학습 포인트

1) 기초 학습 습관

- 책 읽기: 네가 읽어주는 목소리 덕분에 엄마(아빠)도 귀가 즐겁네.

- 받아쓰기: 틀려도 괜찮아. 오늘은 시도한 게 최고야.

- 덧셈·뺄셈 연습: 조금씩 더 빨라지는 게 보여. 꾸준히 하니까 힘이 생기는 거야.

- 글씨 쓰기: 와, 바르게 앉아서 쓰니까 글씨가 훨씬 멋지다.

2) 생활 속 공부 태도

- 가방 챙기기: 네 물건은 네가 챙기는 거야. 엄마, 아빠는 네가 잘할 거라 믿어.

- 숙제 스스로 시작하기: 엄마가 말하기 전에 네가 먼저 시작했구나. 정말 멋지다.

- 공부 자리 앉기: 앉는 모습만 봐도 집중할 준비가 됐다는 게 보여.

- 모르는 것 표시하기: 모른다고 말할 수 있는 게 더 용감한 거야.

3) 정서 기반 학습 태도

- 틀려도 다시 시도하기: 실수는 배우는 과정이야. 다음엔 더 잘할 수 있어.

- 작은 성취 기뻐하기: 이만큼 해낸 네가 자랑스러워.

- 비교 대신 성장 보기: 어제보다 오늘 네가 조금 더 잘했네.

- 배운 것 설명하기: 와, 네가 선생님이 돼서 알려주니까 엄마도 이해가 더 잘돼.

중학년(3~4학년)의 공부는 어디에 중점을 두어야 할까?

"저학년은 저학년이라서 괜찮다고 생각하는 시기였습니다. 하지만 중학년은 다른 느낌입니다. 이제는 정말 공부를 해야 하지 않을까 싶은데, 문제집만 사서 풀리면 될까요? 수학 학원을 보내야 하지 않을까요?"

중학년이 되면 아이들은 논리적으로 생각하는 힘을 키우기 시작합니다. '왜 그럴까?' 하고 원인을 찾아내며, 사물과 사건을 비교하고 분석하는 능력이 발달하죠. 또래 집단의 영향도 강하게 받아 규칙과 공정성을 중요하게 여기고, 자신의 생각을 말하고 싶어 하는 욕구도 커집니다.

3~4학년인 중학년은 학업 격차가 벌어지기 시작되는 때이기 때문에 더 신경을 써야 합니다. 이때 독서 습관을 반드시 잡으세요. 글이 많은 책으로 반드시 옮겨가야 합니다. 자기가 공부한 내용을 정리해보는 것도 슬슬 시작해보세요.

마인드맵이나 도표를 활용해 공부한 내용을 구조화하고, 책을 읽은 뒤 요약하거나 질문에 답하게 하는 것도 좋은 방법입니다. 학교에서 따로 배운 내용을 정리한다면 그 과정을 열심히 할 수 있도록 격려해주세요. 그렇지 않다면 집에서 공부하는 과정에서 공책에 정리해보게 하세요.

수학 역시 연산 위주의 저학년 수학에 비해 더 깊이 생각해야 하는 문제가 많아집니다. 글자를 또박또박 적고 공책에 정리하면서 수학 문제를 풀고 자기 말로 설명하도록 해주세요. 수학은 집에서 충분히 교과서 개념을 익히고, 문제집을 풀면서 연습할 수 있습니다. 사교육을 활용할 수도 있겠지만 너무 긴 시간 수업을 하는 학원이라면 피해주세요.

영어는 소리 읽기를 많이 연습해야 합니다.

무엇보다 중요한 것은 생활과 학습을 연결하는 습관입니다. 숙제 시간과 독서 시간을 일정하게 유지하면서, 학습이 일상의 일부가 되도록 돕는 것이 필요합니다.

3학년의 공부: 학습과 정서의 분기점

3학년은 초등학교 생활에서 가장 큰 변화를 맞이하는 시기입니다. 1~2학년 때 국어·수학·통합교과 위주로 배우던 것에서 벗어나, 3학년부터는 사회와 과학이 새롭게 시작되고 영어, 음악, 미술, 체육, 도덕 과목도 본격적으로 자리 잡습니다. 또한 영어·과학·음악과 같은 과목은 교과 전담 교사가 맡아 지도하지요. 그래서 아이들은 교과실을 이동하고 새로운 선생님에게 배우는 경험을 처음 하게 됩니다.

이러한 변화는 아이들에게 자부심과 설렘을 주기도 하지만, 낯설고 부담스러울 수 있습니다. 특히 사회와 과학은 배경지식의 차이가 학습 격차로 이어지는 과목입니다. 평소에 독서와 체험, 신문과 뉴스 대화를 통해 다양한 지식을 접한 아이들은 교과서를 이해하기 훨씬 수월하죠. 반면 단순히 학습지에만 의존한 아이들은 교과서 속 문장을 의미 있게 연결하기 어려워합니다. 따라서 3학년이 되기 전후에는 책 읽기와 체험 활동을 적극적으로 권장해야 합니다.

정서적으로도 3학년은 분기점입니다. 저학년에는 뚜렷한 또래 집단이 형성되지 않지만, 3학년부터는 집단 소속감이 생기고 협동 놀이가 활발해집니다. 동시에 친구 사이에 서열이 만들어지면서 갈등과 다툼, 고자질이 잦아집니다. 이때 중요한 것은 감정을 건강하게 표현하고, 타인의 이야기에 귀 기울이는 습관을 길러주는 것입니다.

학습적으로는 독서력의 분화가 나타납니다. 글밥이 많아지고 어휘력과 배경지식이 필요한 책이 늘어나면서, 책을 즐겨 읽는 아이와 멀리하는 아이가 나뉩니다. 따라서 3학년은 독서 습관을 정착시킬 수 있는 결정적 시기입니다. 다양한 분야의 책을 접할 기회를 주고, 성공적인 독서 경험을 통해 그림책에서 이야기책, 이야기책에서 지식책으로 자연스럽게 이어갈 수 있도록 다리를 놓아주세요. 독해 문제집보다는 책을 즐겁게 읽는 시간에 더 초점을 맞추어주세요.

4학년의 공부: 공부 습관을 잡을 마지막 기회

4학년은 공부 습관과 자존감을 동시에 점검해야 하는 결정적 시기입니다. 4학년이 되면 교과 과정이 한층 심화되어 학습 부진이 본격적으로 드러납니다. 3학년까지는 대부분의 아이들이 교과 과정을 따라오지만, 4학년에서 한 번 크게 걸러집니다. 5학년에서는 난이도가 훨씬 높아지며 사춘기까지 시작되기 때문에 학습 격차는 더 벌어집니다. 따라서 4학년이 공부 습관을 잡을 수 있는 마지막 기회입니다.

매일 공부 시간을 정하고, 국어와 수학의 기본기를 재점검하며, 사회·과학 교과서를 읽는 습관을 들이는 것이 필요합니다. 지식 정보책을 읽으며 비문학 책을 경험하게 해주세요. 이 시기의 습관은 고학년과 중학교로 자연스럽게 이어지는 힘이 됩니다.

정서 발달 면에서도 4학년은 중요한 시기입니다. 아직은 규칙을 잘 이해하고 교사의 지시를 순응적으로 받아들이지만, 이제는 단순히 '당연히 해야 한다'가 아니라 '존중받고 인정받으니 하고 싶다'라는 동기로 행동하게 됩니다.

이 시기에는 부모와 교사의 인정과 격려가 무엇보다 큰 힘을 발휘합니다. 그러나 교과 내용이 어려워지면서 자존감은 쉽게 흔들립니다. 자존감이 무너지면 학습 의욕도 함께 떨어지므로, 작은 성취라도 인정해주고 존중해주는 태도, 학업에 어려움을 느끼지 않도록 도와주는 것이 필요합니다.

4학년 무렵에는 자기중심적인 사고에서 벗어나 타인을 돌아보는 통찰력이 생깁니다. 하지만 여전히 자기중심적인 아이들도 있습니다. 이런 아이들에게는 부모의 정서적 지지와 애정이 절대적으로 필요합니다. 부모와 함께하는 경험, 대화 그리고 스킨십은 사춘기라는 거친 풍랑을 맞이하기 전에 반드시 마련해두어야 할 안전판입니다.

단순히 학원에 보내는 것보다, 부모가 아이와 함께 활동을 계획하고 성취를 나누는 경험이 훨씬 중요합니다. 여행을 가거나 작은 프로젝트를 함께하고, 일상의 대화를 통해 아이가 '나는 존중받는 존재야'라는 확신을 가질 수 있도록 해주어야 합니다.

중학년 시기(3~4학년)는 아이가 논리적 사고와 사회성을 본격적으로 키우는 시기입니다.

- 새로운 교과목과 친구 관계 변화에 적응

- 독서 습관 단단히 만들기

- 손으로 정리하며 공부하는 습관 다지기

- 자존감을 지켜 주는 부모의 지지

실전 연습 중학년 부모의 학습 포인트

1) 사고력 확장

- 문제가 어려워 보일 땐 먼저 작은 부분부터 풀어보자.

- 네 생각을 먼저 듣고 싶어. 답보다 생각이 더 중요해.

- 왜 그렇게 생각했는지 이야기해 줄래? 네 이유가 궁금해.

- 손으로 쓰면서 문제를 풀자.

2) 또래 관계 & 감정

- 친구랑 다투는 것도 괜찮아. 중요한 건 서로의 마음을 이해하려고 해보는 거야.

- 네가 하고 싶은 말도 하고, 친구 말도 들어주면 더 좋은 관계가 돼.

- 다른 사람 의견이랑 달라도 괜찮아. 네 생각은 소중해.

3) 학습 습관 & 자기 관리

- 네가 스스로 정리한 노트, 진짜 멋지다. 머릿속도 정리된 것 같아.

- 책 읽고 나서 네가 요약한 걸 들으니까 훨씬 이해가 잘돼.

- 오늘 숙제 시간에 끝까지 앉아 있었던 게 제일 대단했어.

4) 자존감 지켜주기

- 틀린 건 새로운 걸 배우고 있다는 증거야.

- 엄마(아빠)는 결과보다 네 노력을 더 자랑스럽게 생각해.

- 네가 이렇게 한 걸 보면, 앞으로 더 잘할 힘이 있다는 게 보여.

고학년(5~6학년)의 공부는 어디에 중점을 두어야 할까?

"고학년이 되니 아이도 부담을 느끼는 것 같고, 부모인 저도 걱정이 됩니다.

교과서를 보니 꽤 어려워졌더라고요. 등수가 나오는 것도 아니니 제대로 하고

있는 건지, 중학교에 가서 어려워하는 건 아닌지,

어떻게 공부 방향을 잡아야 할지 모르겠어요."

체감 난도가 가장 많이 올라가고 학생들도 가장 힘들어하는 대망의 5학년입니다. 5학년부터는 모든 과목이 복잡해집니다. 양뿐 아니라 질적으로 공부가 심화하죠. '수포자(수학을 포기한 사람의 줄임말)'라는 아이들이 가장 많이 나올 때예요.

학업 격차가 슬슬 보이는 때가 4학년이라면 본격적으로 시작되는

때가 5학년입니다. 4학년까지 수학과 독서의 기초를 탄탄하게 해놓으면 5학년부터 심화가 되는 겁니다. 수학도 어려운 문제를 풀어보고, 영어도 읽기에 이어 쓰기도 해보고요. 마인드맵, 비주얼 싱킹 등 다양한 방법들을 시도하면서 공부에 재미를 느끼는 공부법을 배워 갑니다.

고학년은 사고의 폭이 넓어지면서 추상적인 개념을 이해할 수 있게 되는 시기입니다. 원인과 결과를 연결하거나 가설을 세우는 등 한 단계 높은 수준의 사고 활동이 가능해집니다. 학습 방식 역시 단순히 '읽는 연습'에서 벗어나, 본격적으로 '배우기 위해 읽는(reading to learn)' 단계로 전환됩니다. 과목별 난이도와 텍스트의 깊이가 높아지기 때문에, 학습 태도의 변화가 무엇보다 중요해집니다.

공부가 끝난 뒤에는 자기 평가와 피드백을 통해 학습 과정을 성찰하도록 이끌어야 합니다. 독서 후 토론, 찬반 글쓰기, 신문 기사 분석 같은 활동은 비판적 사고력을 기르는 데 효과적입니다. 수학은 기본 개념을 충분히 이해한다면 심화 문제에 도전해보세요. 사회와 과학과 관련된 깊이 있는 책을 읽어보세요. 이러한 경험은 중학교 이후 자기주도적 학습으로 자연스럽게 이어질 기반이 됩니다.

한편 고학년은 지식과 경험이 급격히 쌓이면서 동시에 정체성 탐색이 시작되는 시기이기도 합니다. 아이들은 '나는 누구일까?'라는 질문을 품고, 자신을 또래 속에서 정의하려고 합니다. 이때 또래의 평판과 인정은 부모나 교사의 영향보다 훨씬 크게 작용합니다. 집단 내 서열이나 주도권이 뚜렷해지고, 그 과정에서 갈등과 소외, 이간과 배제 같은 간접적 공격이 나타나기도 합니다. 부모는 이런 사회적 변화를 성장의 일부로 이해하면서, 아이가 관계 속에서 상처받지 않고 자기 가치를 지켜나가도록 곁에서 지지해야 합니다.

5학년은 아이가 친구를 통해 정체성을 형성하는 시기입니다. 친구의 인정이 절대적인 기준처럼 느껴지고, 그 때문에 눈치를 보고, 비밀을 지키며, 집단 안에서 '쉬쉬 문화'가 생겨나기도 합니다. 또래 집단이 공고해지면서 소외나 따돌림이 발생할 위험도 커집니다.

이때 부모가 해 줄 수 있는 역할은 두 가지입니다.

첫째, 정체성의 기준을 '나'로 옮겨주는 것입니다. '나는 타인의 인정만으로 정의되지 않는다. 다름을 인정하면서도 관계를 맺을 수 있다'는 관점을 아이가 가질 수 있도록 돕는 것입니다.

둘째, 대화의 안전지대를 만드는 것입니다. 아이가 난처하거나 부끄러운 일도 터놓을 수 있도록 비난 대신 탐색형 질문을 던지는 태도가 필요합니다. "그때 너는 어떤 느낌이었어?", "그 느낌을 줄이려면 어떤 선택이 가능할까?"와 같은 질문이 그 예입니다.

5학년의 공부: 학습의 깊이 확장

학습 면에서 5학년은 독서가 중요한 전환점을 맞습니다. 중학년 시기에 독서력이 분화되기 시작했다면, 5학년은 본격적으로 깊이 읽기의 초입에 들어서는 시기입니다. 지문은 길어지고, 출처는 다양해지며, 묵독을 전제로 한 이해가 요구됩니다.

이를 돕기 위해 부모는 몇 가지 전략을 사용할 수 있습니다. 주제 묶음 읽기는 한 주제에 대해 이야기책에서 지식책, 기사나 다큐멘터리로 확장하는 방법입니다. 질문 독서는 읽기 전·중·후에 질문과 핵심 문장을 기록하며 사유의 방향을 잡아주는 방식입니다. 낯선 어휘 노트는 모르는 단어를 생각날 때 적어놓고 나중에 복습하도록 하는 간단하지만 효과적인 방법입니다.

아이가 텍스트를 읽는 경험이 부족해서 힘들어하면 독해 문제집을 활용해 봐도 괜찮습니다. 책은 재미있는 책 위주로, 지식이 있는 글은 독해 문제집이나 잡지, 신문을 활용해보는 것이죠. 지식 책도 함께 읽어나가면 가장 좋고요.

또한 5학년 2학기부터는 본격적인 역사 교육이 시작됩니다. 이 시기 아이들은 사건의 인과관계를 이해하기 시작하고 역사에 대한 흥미가 높아집니다. 역사 입문은 무엇보다 문턱을 낮추는 것이 중요합니다.

방학이나 주말을 활용해 이야기형 역사책이나 만화로 시작해 지식정보서로 확장하고, 역사 드라마나 영화를 함께 보는 것도 좋습니다. 가까운 박물관이나 경주·공주·부여 같은 유적지를 체험하는 것도 큰 도움이 됩니다.

역사적 대화도 유익합니다. "위화도 회군은 잘한 선택이었을까?", "세종·이순신·영조가 대통령 선거에 나온다면 누구를 왜 뽑을까?", "붕당의 장단점은 무엇이라고 생각해?" 같은 질문은 단순 암기를 넘어 사유의 근육을 단단하게 만들어줍니다.

공부 루틴 역시 5학년 시기에는 점차 체계화되는 것이 좋습니다. 매일 독서 30분(주제별 다양한 책 읽기), 수학 문제집 풀기, 영어 영상 보기와 책 읽기를 기본 틀로 삼습니다. 여기에 주 1~2회 사회·과학 교과서와 문제집 훈련을 넣어줍니다. 주 1회 정도는 일기나 독서록을 쓰고 기사나 뉴스를 읽고 핵심 문장·이유·자신의 생각을 세 줄로 요약하는 카드를 작성하도록 하는 것도 좋습니다.

5학년은 관계와 정체성이 성장의 핵심이 되는 동시에, 학습의 깊이와 넓이가 본격적으로 확장되는 시기입니다. 부모의 지혜로운 지도와 생활 속 작은 습관이 아이의 성장을 크게 이끌어 줄 수 있습니다.

6학년의 공부: 선택과 집중, 중등 전환의 설계

6학년은 초등의 마지막 관문이자, 중학교로 전환하는 교두보입니다. 이 시기는 불안에 흔들려 학원만 늘리는 것이 아니라, 오히려 선택과 집중을 통해 아이가 자기주도적 시간을 확보해야 하는 시기입니다. 결핍된 영역은 선별적으로 보완하되, 나머지는 스스로 계획하고 실행하는 자기주도 블록으로 비워두는 것이 전환의 성패를 가릅니다.

부모의 불안 때문에 학원 수를 늘리면, 단기적으로는 마음이 놓일지 모르지만 결국 아이의 자율 학습 시간을 빼앗게 됩니다. 학습 공백이 어디인지 진단한 후 꼭 필요한 부분만 보완하는 것이 중요합니다. '많이'가 아니라 '맞게' 선택하는 태도가 곧 전환의 힘이 됩니다. 스스로 계획을 세우고, 공책 정리를 하면서 공부하고, 모르는 것을 찾아보는 시간이 꼭 필요합니다.

만 11세 무렵부터 아이는 추상 개념과 가설-검증적 사고가 가능해지는 '형식적 조작기'로 들어섭니다. 이때 읽기는 단순한 지식 전달이 아니라 세계관을 넓히는 도구가 됩니다.

책은 세계, 사회, 철학을 담은 인문 고전이나 고전 문학을 원작 중심으로 골라도 읽을 수 있습니다. 처음부터 긴 책보다 짧은 단편으로 접근하면 진입 장벽을 낮출 수 있습니다. 읽을 때는 책의 문장에 밑줄을 쳐 보고 생각 주석을 남겨보세요. '왜 이 문장이 내게 중요한가?'를 기록하고, 부모와 5분 대화로 생각을 나누는 것만으로도 사유의 힘이 깊어집니다.

중학교에서 가장 큰 격차가 나는 과목은 영어입니다. 초등 영어는 흥미와 의사소통 중심이라 노출량이 제한적입니다. 그러나 중학교에 올라가면 단어, 지문 길이, 문법 요구가 급격히 상승합니다. 그래서 6학년, 특히 방학은 중등 영어 대비를 해야 합니다.

수학은 위계적 학문입니다. 따라서 학습 구멍이 있으면 중학 수학에서 더 힘들어집니다. 중학 수학을 예습하되 초등 수학에서 힘들어하는 부분이 있다면 반드시 힘들어하는 부분 위주로 복습하며 꼭 학습 구멍을 메워주세요.

6학년은 진학 준비도 해야 하겠지만 진로 탐색이 핵심 키워드입니다. 아이가 자기 자신을 이해하는 첫걸음을 내딛도록 질문이 필요합니다. 초등의 진로는 '확장'을 해야 합니다.

- 내가 잘하는 일은 무엇일까?
- 내가 좋아하는 일은 무엇일까?
- 내가 중요하게 여기는 가치는 무엇일까?
- 내가 도저히 견딜 수 없는 것은 무엇일까?

이런 질문은 아이가 선택지를 좁히기 전에 자신을 탐색하게 합니다. 전기나 인터뷰집을 읽으며 롤모델을 찾고, 저자 강연이나 직업 인터뷰로 확장하는 것도 좋은 방법입니다. 진로 대화는 거창할 필요 없습니다. 가족끼리 식탁에서 "네가 나중에 하고 싶은 일은 뭐야?" "그 일에서 가장 중요한 가치는 뭐라고 생각해?" 같은 질문을 주고받는 것만으로 충분합니다.

고학년은 불안에 끌려 학원을 늘려야 하는 시기가 아닙니다. 오히려 아이의 자율성을 키우며 중등 전환을 설계해야 하는 시기입니다. 또래의 시선이 커질수록 아이는 집에서 정서적 안전망을 확인하고 싶어 합니다. 사춘기라 관계가 멀어질 수 있지만 존중과 인정을 바탕으로 짧고 규칙적인 루틴으로 질문이 있는 대화를 나누세요. 이것이 아이를 고학년의 파도 위에서 흔들리되 부러지지 않는 사람으로 자라게 합니다.

고학년 시기(5~6학년)는 아이가 논리적 사고와 사회성을 본격적으로 키우는 시기입니다.

- 관계: 감정을 건강하게 표현하고 타인의 말을 경청하며, 공정성과 경계를 지키는 힘
- 학습 자율성: 스스로 목표를 세우고 계획–실행–점검–조정으로 이어지는 자기주도학습 루틴
- 독서의 심화: 배경지식·어휘·논증 읽기 능력을 끌어올리는 '깊이 읽기' 경험
- 영어, 수학의 심화로 중학 대비

1) 관계와 정체성

- 친구가 뭐라고 하든 네 가치는 변하지 않아.

- 달라도 괜찮아. 다름을 인정하는 게 진짜 멋진 거야.

- 그때 너는 어떤 기분이었어? → 그 기분을 줄이려면 어떤 선택을 할 수 있을까?

- 네가 힘든 얘기를 꺼내도 괜찮아. 엄마(아빠)는 네 편이야.

2) 자기주도와 사고

- 이번 주는 네가 계획을 세워보고, 엄마(아빠)는 옆에서 도와줄게.

- 네 계획에서 잘된 점은 뭐고, 다음에 바꾸면 좋을 점은 뭐야?

- 스마트폰 사용 시간을 정한다면, 어떤 기준이 가장 공정할까?

- 오늘 읽은 책이 네게 던진 질문은 뭐였어?

- 이 문제를 다른 방법으로 풀 수 있다면 뭐가 있을까?

3) 성취와 정서

- 네가 스스로 선택한 일을 끝까지 해냈다는 게 제일 자랑스러워.

- 요즘 네가 스스로 가장 자랑스러웠던 순간은 언제야?

국어 공부는 어떻게 해야 할까?

"국어가 중요하다고 하는데 어떻게 공부를 해야 할지 막막합니다. 책을 많이 읽으면 되는지, 따로 무엇을 해줘야 하는지, 궁금합니다."

국어는 한 과목을 넘어 모든 학습의 문을 여는 도구 과목입니다. 텍스트를 읽고 이해하며 내 말과 글로 다시 구성하는 과정이 국어 안에서 이루어집니다. 국어가 단단해질수록 사회·과학·영어까지 전 과목의 성취가 안정됩니다.

특히 초등 시기는 뇌의 가지치기가 활발하게 일어나는 시기예요.

그렇기 때문에 의도적인 읽기 훈련을 통해 읽기 과정의 자동화를 만들어두는 것이 중요합니다. 국어의 힘은 곧 전체 공부의 힘으로 이어집니다. 따라서 국어를 소홀히 여기지 않아야 합니다.

국어 공부의 축은 두 가지입니다. 하나는 읽기 경험을 하는 것, 다른 하나는 어휘·독해·글쓰기 프로젝트를 하는 것입니다. 읽기는 밥이고, 프로젝트는 반찬입니다. 밥은 매일 먹되 반찬은 아이의 필요에 맞춰 방학이나 틈새 기간에 단기 집중으로 넣었다 뺐다 하면 됩니다.

요즘은 책을 읽는 것 외에도 재미있는 것이 너무 많죠. 그래서 의도된 훈련 없이는 읽기 경험이 쌓이지 않습니다. 따라서 부모는 아이가 매일 독서를 할 수 있도록 독서 환경을 조성해주어야 합니다.

프로젝트는 세 가지로 나눌 수 있습니다. 첫째는 어휘입니다. 개인 어휘장을 만들어 모르는 단어를 뜻·예문·유의어·반의어까지 기록하며 확장하거나 어휘 문제집을 풀어볼 수 있어요. 둘째는 독해입니다. 문단 구조를 표시하고 중심문장을 찾은 뒤 요약하는 훈련을 통해 글의 핵심을 잡습니다. 셋째는 글쓰기입니다. 일기와 독서 기록에서 출발해 주장하는 글까지 확장해보세요.

단원평가 문제집은 수업에 집중하며 독서를 꾸준히 하는 아이에게는 필수가 아닙니다. 다만 배운 내용을 한 번 수렴하고 스스로 빈틈을 확인할 필요가 있을 때, 국어 교과 문제집을 한 단원이 끝날 때마다 풀어보세요.

독해 문제집 역시 텍스트 종류를 확장하고 독해 기술을 점검하는 차원에서 한 권씩 활용할 수 있지만, 문제 풀이가 독서를 대체하지 않도록 해야 합니다.

독서·논술 학원에 보내야 할까요? 사실 가정에서 충분히 해볼 수 있지만, 독서 습관이 너무 잡히지 않을 때는 방법을 배워본다는 생각으로 학원을 활용할 수 있어요. 하지만 결국은 자기가 읽어야 하므로 학원이 독서의 경험을 대체해주지는 않습니다.

학년별 로드맵

1) 1학년: 한글 읽기 독립과 간단한 문장 쓰기

1학년의 가장 큰 목표는 한글을 소리-글자-의미로 연결해 스스로 읽을 수 있게 되는 것과 짧은 문장으로 생각을 표현하는 것입니다. 그림일기나 짧은 편지를 쓰며 쓰기의 필요와 즐거움을 느끼고, 받아쓰기는 문장 단위로 가볍게 활용합니다.

무엇보다 중요한 건 '듣는 독서'입니다. 저도 아이가 1학년일 때 매일 한 시간을 독서 시간으로 정했는데, 대부분은 제가 읽어주는 시간이었고 아이는 듣는 독서를 했습니다. 혼자 읽는 시간은 10분 남짓이었죠. 그런데 꾸준히 읽어주는 시간이 쌓이자 어느 날 아이가 말했습니다.

"엄마, 이제 혼자 책이 읽혀!"

이 순간이 바로 읽기 독립의 시작이었습니다. 한글을 뗐다고 곧바로 혼자 읽고 이해할 수 있는 게 아니라, 오랫동안 들으며 책과 친해지는 과정이 필요합니다. 읽어주는 시간을 조금씩 줄이고 아이 혼자 읽는 시간을 늘려가는 방식으로, 자연스럽게 듣기 독서에서 읽기 독서로 옮겨갈 수 있도록 도와주세요.

이때는 쓰는 것 자체가 기특한 시기입니다. 그러므로 저학년 때의 글쓰기는 글을 쓰는 '행위 자체'를 칭찬해주세요. 그림을 그리고 나서 글로 써보거나, 말로 먼저 해보고 글로 쓰면 조금 더 쉽게 쓸 수 있습니다. 맞춤법이나 띄어쓰기는 지적하지 않아요.

2) 2학년: 텍스트 양의 확대와 기본 맞춤법

2학년은 글밥이 있는 저학년 이야기책으로 읽기를 확장하는 시기입니다. 이때 역시 독서 시간을 확보하기 위한 노력을 해야 합니다. 1학년보다 궁금해지는 어휘가 더 많아지고, 맥락과 그림으로만 내용을 파악했다면 어휘를 하나씩 인지하며 폭발적으로 어휘를 배워가기 시작합니다.

일기는 조금 더 구체적으로 쓰고, 맞춤법과 띄어쓰기에 신경을 써주세요. 잘 쓴 '부분'을 찾아 구체적으로 칭찬해주세요. 끝말잇기, 유의어·반의어 찾기 같은 말놀이는 어휘 확장에 도움이 됩니다.

3) 3학년: 독서 분화와 배경지식 다리 놓기

사회와 과학 과목이 새로 시작되며 배경지식의 차이가 학습 격차로 이어집니다. 지식책으로 확장하세요. 국어사전을 두고 모르는 단어를 스스로 찾는 습관을 들입니다. 어휘장을 만들어두고 생각이 날 때마다 써보라고 해주세요.

독서감상문을 시도해보세요. 책을 다 읽은 뒤에 아이가 제대로 읽었는지 걱정되기도 하고 불안하기도 해서 "무슨 내용이었어?"라고 물어보면 아이는 대답하기 힘듭니다. "어떤 장면이 가장 재미있었니?", "네가 주인공이라면 어떻게 했을까?"와 같은 열린 질문을 던져보세요. 이런 질문을 하면 아이가 좀 더 대답하기 수월하게 느껴요.

조금 더 길게 글을 쓰면서 문단의 개념을 적용해서 글을 써봅니다. 생각의 흐름이 바뀌면 줄을 바꾸고 들여쓰기를 해서 새로운 문단으로 글을 써보는 것이죠. 맞춤법·문법은 '자주 틀리는 것' 중심으로 짚어줍니다.

4) 4학년: 본격 독해와 비판적 읽기의 출발

4학년은 독해의 본격적인 출발점입니다. 다양한 장르의 책에 도전해보세요. 아이가 좋아하는 분야의 책을 깊이 있게 읽을 수도 있지만, 읽어보지 않은 분야의 책은 옆에서 읽어주며 심리적 장벽을 낮추어 주어야 합니다. 그래야 읽어볼 만하다고 생각할 수 있어요.

신문, 잡지, 교과 지문, 독해 문제집의 지문 등 다양한 텍스트를 읽어보며 글의 중심 문장을 표시해 요약하는 훈련을 방학 때 해볼 수 있어요.

글쓰기는 일기나 독서록을 넘어 설명하는 글이나 자신의 의견을 제안하는 글을 시도합니다. 문단의 시작-중간-끝 구조로 글을 써보고, 이유·근거를 덧붙여서 자신의 의견을 써보세요.

5) 5학년: 내 생각을 구조화하는 시기

5학년은 남의 생각을 정리하는 단계를 넘어 내 생각을 구조화하는 단계입니다. 주제별로 묶어 책을 읽으며 사고의 폭을 넓히고, 틀을 활용해 주장하는 글을 써봅니다. 역사 과목이 시작되므로 통사 역사책과 이야기형 역사책, 현장 체험으로 문턱을 낮추고, 사건의 인과를 질문하는 대화로 사고력을 확장합니다.

고학년의 글쓰기는 독자를 의식하고 쓰는 글이라는 점이 그동안 쓴 글과 다릅니다. 그동안은 나 혼자의 생각을 일기나, 독서록 등으로 기록했다면 이제는 누군가 읽을 것을 예상하고 쓰는 것이죠.

다른 사람을 설득하는 글(주장하는 글)을 서론-본론-결론으로 나누어 쓰도록 합니다. 다양한 자료를 조사해서 인용하고 참고하여 다양한 근거로 쓸 수 있도록 도와주세요. 맞춤법은 스스로 교정할 수 있도록 틀린 부분만 체크해주고, 직접 고쳐보게 하세요.

6) 6학년: 논리 강화와 중등 전환

6학년은 사고가 성숙해지는 시기입니다. 고전과 인문 교양서를 읽으며 밑줄과 주석을 달고, 관용 표현·속담·한자어로 어휘망을 확장합니다. 글쓰기는 초안을 쓰고 고쳐 쓰기를 거쳐 논리를 다집니다. 사회·과학·영어 지문을 묵독하는 훈련을 통해 중학교의 긴 텍스트를 대비합니다.

국어 공부는 짧고 규칙적인 반복이 힘을 발휘합니다. 하루 최소 30분은 독서, 시간이 날 때 5~10분은 어휘장 기록, 주 1~2회는 쓰기로 구성합니다. 방학에는 어휘·독해·글쓰기 중 선택해 2~4주 집중 프로젝트를 해봐도 좋아요.

이건 아이의 반응을 보고 결정하세요. 글쓰기를 좋아하는 아이면 더 자주 해볼 수 있고, 너무 싫어하는 아이면 최소한으로 하는 겁니다. 독서 역시 아이가 좋아하는 분야를 바탕으로 하되, 새로운 분야의 책에 도전하도록 도와주세요.

1) 1학년: 읽기 독립과 한 문장 쓰기

- 책 읽어줄게.

- 돌아가면서 읽자.

- 글씨를 쓰다니 기특하다.

2) 2학년: 읽기 양 넓히기, 맞춤법에 눈뜨기

- 글자가 더 많은 책을 읽어볼까?

- 맞춤법, 띄어쓰기 틀린 것 고쳐볼까?

3) 3학년: 배경지식 다리 놓기

- 이 책을 읽어보자.(사회, 과학 배경지식 높일 수 있는 책)

- 오늘 읽은 것 중에 제일 기억나는 부분이 뭐야?

4) 4학년: 본격 독해와 비판적 읽기 출발

- 이 글에서 꼭 필요한 한 줄만 꼽자면 뭐야?

- 네 생각은 글쓴이랑 어떻게 달라?

5) 5학년: 내 생각 구조화

- 네 주장에 근거를 두 개만 붙여볼래?

- 새로 알게 된 단어 하나만 알려줄래?

6) 6학년: 논리 강화, 중등 전환

- 이 부분을 고치면 어떻게 더 설득력 있을까?

- 오늘 읽은 글에서 꼭 기억하고 싶은 말은 뭐야?

수학 공부는 어떻게 해야 할까?

"수학 정도는 집에서 제가 해줄 수 있을 것 같은데, 그냥 문제집만 풀면 될까요?

사고력 수학이나 심화 문제집을 풀려고 하다 보니 아이가 너무 싫어하고

힘들어하는데, 안 해도 되는 건지 걱정입니다."

아이의 공부를 지도할 때 가장 중요한 것은 큰 그림을 머릿속에 가지고 가는 것입니다. 큰 그림이 없으면 불안해지고, '이 학원이 좋다더라, 이 문제집이 효과적이다'라는 말에 쉽게 흔들립니다. 그러나 큰 그림을 갖고 있으면 내 아이의 기질, 성향, 집중도, 수준, 흥미에 맞춰 선택하고 조절할 수 있습니다. 같은 부모 밑에서 자란 형제·자

매도 다르듯이, 아이마다 맞는 공부 방법과 속도는 다릅니다.

따라서 학교와 학원은 기본적인 틀을 제공하지만, 아이에게 맞는 맞춤형 플랜을 세우고 피드백을 주는 역할은 결국 부모의 몫입니다.

남들은 사고력 수학이 아무리 좋다고 해도, 공부 저항이 심한 우리 아이는 못할 수도 있어요. 남들은 아무리 심화 수학 문제집을 풀어봐야 한다고 하지만 수학 감각이 부족한 우리 아이는 버거울 수 있습니다. 아이마다 다른 거예요.

그러니 학원에 다닌다고 마음 놓지 말고, 학원에 안 다닌다고 불안해하지도 마세요. 아이가 못 한다고 화내지 말고, 잘한다고 자랑할 것도 없습니다. 그저 아이의 활동에 반응을 하면 됩니다.

초등 수학의 다섯 가지 영역

초등 수학은 다섯 가지 영역으로 구성됩니다.

- 수와 연산
- 도형
- 측정
- 자료와 가능성
- 규칙성

이 가운데 가장 큰 비중을 차지하는 것은 수와 연산입니다. 연산이 탄탄해야 수학 전체가 안정되며, 수학이 잘 되면 다른 공부까지 잘할 가능성이 커집니다. 도형과 측정은 서로 비슷한 성격을 가지므로 함께 묶어 생각할 수 있고, 자료와 가능성·규칙성은 단원 수가 적고 난도가 높지 않아 상대적으로 부담이 적습니다.

수학 학습에서 가장 먼저 챙겨야 하는 것은 연산입니다. 연산을 잘하면 학습 자신감이 생기고, 자존감과도 연결됩니다. 따라서 연산 문제집은 반드시 꾸준히 가져가야 합니다. 어떤 문제집을 고를지는 아이와 가정 상황에 따라 다르지만, 출판사마다 큰 차이가 있는 영역은 아니므로 아이가 마음에 들어 하는 교재를 꾸준히 풀게 하는 것이 핵심입니다.

아이마다 수학적 이해력과 속도가 다르기 때문에 일률적으로 맞출 필요는 없습니다. 빠른 아이는 조금 더 어려운 문제나 빠른 진도를 나갈 수 있고, 느린 아이는 복습과 반복을 더 많이 해야 합니다.

가장 보편적인 방법은 한 학기 예습입니다. 방학 동안 지난 학기를 간단히 복습하고, 다음 학기 내용을 미리 접해보는 것입니다. 완벽히 알 필요는 없고, 핵심 개념만 알고 지나가면 충분합니다. 미리 접해 본 아이들은 수업 시간에 더 자신감이 생기고, 지루함이 줄어듭니다.

그리고 학기 중에는 학교와 가정에서 다시 현 학기 수학을 공부합

니다. 학교에서는 교과서와 익힘책으로 진도를 나갑니다. 집에서는
문제집으로 다음을 기본으로 운영하면 좋습니다.

- 교과 개념 정리: 교과서를 바탕으로 개념을 화이트보드에 적고,
  아이가 직접 설명하게 합니다.
- 유형 문제: 개념을 확인한 뒤, 유형별 문제를 풀면서 정확성과 속
  도를 높입니다.

이 과정에서 중요한 것은 관계적 이해와 도구적 이해를 모두 다루
는 것입니다. 관계적 이해는 개념의 원리를 아는 것이고, 도구적 이
해는 공식을 활용해 문제를 푸는 것입니다. 어떤 아이는 개념 이해
가 빠르지만 연습 부족으로 정확도가 떨어질 수 있습니다. 또 어떤
아이는 개념 이해가 늦더라도 반복 훈련을 통해 공식을 익히고 다
시 개념으로 돌아가면 이해가 되는 경우가 많습니다.

문제집을 활용하는 법 시중 문제집은 크게 네 가지로 나눌
수 있습니다. 기본, 유형별, 사고력 그
리고 심화입니다.

- 기본 문제집: 예습용으로 적합합니다.

- 유형별 문제집: 학교 진도에 맞춰 풀며 실력을 다집니다.

- 사고력 문제집: 주로 저학년에서 활용하는데, 아이가 심하게 저항하면 하지 마세요. 수학 감각이 있다면 도전해보고, 싫어하는 것 같으면 하루에 1~2문제 정도로 접해보았다가 조금씩 늘려보는 방법도 추천합니다.

- 심화 문제집: 아이가 수학에 흥미를 느끼고 도전할 준비가 되었을 때, 4~5학년 이후에 권장합니다.

심화 문제집은 필요 이상으로 난도가 높아 시간을 많이 잡아먹는 경우가 있습니다. 이 시간에 차라리 독서와 영어 학습을 하는 것이 더 효율적일 수 있습니다. 그러나 아이가 스스로 도전의 즐거움을 느낀다면 심화 문제집도 좋은 선택이 될 수 있습니다.

채점은 부모에게 큰 부담이 될 수 있는데요. 아이가 스스로 채점하도록 맡겨도 괜찮습니다. 다만 '모르는 문제를 아는 척하고 넘어가는 것'을 막아야 합니다. 이를 위해 아이가 푼 문제 중 2~3개를 집어서 설명하게 하면 됩니다. 이렇게 하면 아이는 과정을 중심으로 학습하게 되고, 자연스럽게 메타인지와 자기주도성이 길러집니다.

어떤 아이는 부모가 채점을 해주는 과정을 관심이라고 여기기도 합니다. 아이가 원한다면 채점하고 피드백 주는 시간을 활용해서 격려해주고 부족한 점은 짚어주세요.

초등 수학 공부법의 핵심은 연산을 기반으로 개념과 유형을 다지고, 아이의 수준에 맞춰 예습과 복습을 균형 있게 운영하는 것입니다. 채점과 설명 활동을 통해 과정 중심 학습을 강화하고, 심화 문제집은 아이의 준비도와 흥미에 따라 선택적으로 활용하면 됩니다.

실전 연습 수학 공부 실천 전략

- 연산 공부: 연산은 매일 운동처럼 조금씩 하는 게 좋아.
- 방학 예습: 다음 학기에 나올 걸 미리 보면, 수업이 덜 지루하고 더 자신감이 생겨.
- 개념 정리: 오늘 배운 걸 엄마한테 칠판에 적으면서 설명해줄래?
- 문제 확인: (틀린 문제를 골라주면서) 엄마한테 설명해줄래?
- 오답 확인: 틀린 문제를 다시 푸는 것이 새로운 문제를 푸는 것보다 어려운 법이야. 다시 차분하게 읽고 풀어보자.
- 정답일 때: 맞혔다는 게 중요한 게 아니라, 네가 스스로 풀었다는 게 더 대단해.
- 틀렸을 때: 괜찮아, 틀린 건 다시 배울 기회야. 틀려도 네가 풀어본 과정이 제일 값진 거야.
- 부분 점수나 실수일 때: 생각은 잘했는데 계산에서 실수가 있었네. 다음엔 더 꼼꼼히 확인해보자.

사회·과학 공부는
어떻게
해야 할까?

"국·영·수 하기에도 바쁜데 사회·과학은 또 언제 공부하나 싶어요.

그렇다고 아예 안 하기에는 찝찝하고. 얼마나 어떻게 공부해야 할까요?"

사회와 과학은 배경지식을 바탕으로 정해진 범위의 교과 핵심 내용을 익히고, 이를 문제에 적용합니다. 중·고등학생의 시험이나 성인이 되어 치르는 각종 자격 시험이나 임용 고시 역시 같은 방식으로 학습 범위를 정하고 이해·암기·적용을 요구하는 경우가 많아요. 따라서 초등 시절 사회·과학 공부법을 제대로 익혀 두면 중학교와 고

등학교로 이어지는 전환기에 도움이 될 뿐 아니라, 평생 학습에도
직접 연결됩니다.

공부의 두 축: 확장과 수렴

초등학교의 사회·과학 공부는 확장(배경지식)과 수렴(교과 핵심)이라는 두 축으로 이루어집니다.

- 확장: 책, 체험, 기사, 다큐멘터리 등 다양한 경험을 통해 지식의 토양을 넓힙니다.
- 수렴: 교과서에 정리된 핵심 개념·용어·자료를 정확히 익히고 문제로 확인합니다.

학기 중에는 학교 수업 흐름에 맞춰 수렴을 중심으로 운영하는 것이 효과적입니다. 학기 중에 복습과 단원 마무리를 하면 됩니다.

사회·과학은 매일 하지 않아도 됩니다. 격주 1회 복습(사회 주 1회 ↔ 과학 주 1회 교대로)을 하거나 단원 종료 시 정리만으로도 충분히 효과를 거둘 수 있습니다.

복습은 이렇게 하세요.

1) 교과서 정독: 중요한 문장에 밑줄을 긋고, 핵심 용어는 괄호로 표시합니다.

사회: 용어 정의, 지도, 그래프, 표를 놓치지 않습니다.

과학: 용어 정의, 실험·관찰 기록을 정리합니다.

2) 빈칸 회독: 표시한 핵심 용어를 가리고 다시 읽으며 회상합니다.

3) 문제 풀이: 해당 범위 문제집으로 짧게 복습합니다.

4) 마인드맵/공책 정리: 단원명 → 소단원 → 핵심 용어·핵심 문장을 쓰고 간단한 그림 그리기(비주얼 싱킹)

5) 말하기: 가족 앞에서 공부 내용을 설명합니다.

방학에는 배경지식을 확장하는 데 중점을 두고 공부합니다. 문제집보다 교과 연결 독서와 체험에 집중하는 거죠.

- 교과 연계 독서: ㉞ 헌법 단원 전후 → 어린이 헌법 책, 권리·의무 관련 동화·논픽션
- 현장 체험: 박물관, 과학관, 유적지, 청와대 개방 시설 등 직접 경험을 제공합니다.
- 미디어 활용: 뉴스, 다큐, 영화 시청

문제집은 한 출판사에 고정할 필요는 없어요. 검정 교과서 체제이

지만 교육과정은 동일하므로 A교과서 + B문제집 조합도 가능합니다. 시중 사회 과학 문제집을 보면 다양한 유형이 있어요.

- 얇고 빠른 유형: 하루치 학습형은 빠른 훑기에 적합합니다.
- 진도+평가 분권형: 진도 책으로 배우고 평가 책으로 확인합니다.
- 강의 연계형: QR 코드로 영상 강의가 들어 있는 교재는 이해가 어려울 때 보조로 활용합니다.
- 독해 결합형: 교과 개념을 독해 지문으로 재확인할 수 있어 개념 → 지문 전환 연습에 유익합니다.

아이가 선택해볼 수 있고, 아니면 교과서 출판사와 같은 출판사의 문제집으로 간단하게 선택할 수도 있어요.

사회·과학 공부는 확장과 수렴의 리듬으로 이끌어야 합니다. 방학에는 세상을 넓히고, 학기 중에는 교과서로 핵심을 붙잡고, 문제로 가볍게 확인하는 과정을 반복합니다. 격주 복습과 단원 마무리만 지켜도 아이는 스스로 구조화 → 설명 → 적용의 학습 회로를 몸에 익힙니다. 이 회로가 한번 돌아가기 시작하면, 중등 이후에도 바퀴처럼 스스로 굴러가게 될 것입니다.

1) 학기 중 복습할 때

- 교과서 문장에 밑줄을 그어보자. 중요한 말은 네 눈에도 딱 보일 거야.

- 오늘 배운 걸 엄마(아빠)한테 2분만 설명해줄래? 네가 설명하면 더 잘 기억돼.

- 이 단원에서 제일 중요한 건 뭐였어? 네 말로 정리해봐.

- 지도나 표는 그냥 보는 게 아니라, 네가 직접 의미를 읽어야 하는 거야. 여기서 무슨 의미가 보이니?

- 실험 과정과 결과를 설명해줘.

2) 방학에 확장할 때

- 이 책은 사회(과학)랑 연결돼 있어. 교과서랑 비교하면서 읽어보자.

- 오늘 체험하면서 새로 알게 된 건 뭐야? 사진에다 설명을 붙여볼까?

- 뉴스에 나온 이 장면이 교과서의 어느 부분이랑 이어질까?

3) 전반적인 학습 태도

- 사회·과학은 외우는 게 전부가 아니야. 배운 걸 네 언어로 설명하고 적용하는 게 진짜 공부야.

- 방학에는 세상을 넓히고, 학기 중에는 교과서로 정리하면 돼. 리듬만 맞추면 충분해.

- 틀려도 괜찮아. 다시 설명할 기회가 생겼다는 뜻이야.

영어 공부는
어떻게
해야 할까?

"다른 과목은 그래도 어떻게 하겠는데 영어가 제일 힘들어요. 우리나라 말이 아니니까 봐주기도 쉽지 않고, 학원비도 만만찮아요. 영어책이랑 영어 영상을 보면 도움이 된다는데 어떤 것을 어떻게 봐야 할지 막막해요."

영어 공부는 긴 시간과 노력을 필요로 합니다. 학원에 보내놓으면 좀 나을 줄 알았더니 단어 몇 개 아는 것 외에는 실력이 그다지 느는 것 같지도 않죠. 일단 영어 교육의 핵심 원칙을 머릿속에 가져가세요.

영어 교육의 핵심 원칙은 두 가지입니다.

1) 이해 가능한 입력(Comprehensible Input)

영어 학원에 다니면 보통 교재를 통해 영어 텍스트를 접하고, 단어를 외우고, 쓰는 숙제를 합니다. 물론 그러한 것들도 필요합니다. 하지만 영어를 소리로 접하는 것을 놓치지 않아야 합니다.

만약 학원에서 영어 듣는 양이 적다면 따로 노출해주어야 해요. 엄마표로 진행한다면 영어 영상과 영어책을 통해 최대한 많이 듣도록 해주세요. 문제집을 푸는 것은 쉽지만 영어 영상과 책을 접하게 하는 것은 막막할 수 있어요.

일단 기본 원칙은 아이의 현재 수준보다 살짝 높은 텍스트와 오디오를 투입하는 것입니다. 모르는 단어가 있어도 맥락·그림·반복으로 대강 이해가 되는 자료가 좋습니다. 너무 어렵거나 너무 쉬우면 효과가 떨어집니다.

즉 부모가 할 일은 아이가 흥미를 느낄 만한 영어책과 영어 영상 등을 공급해주는 일입니다. 유튜브에서만 해도 검색하면 무료 영어 영상이 많이 있습니다. '뽀로로 영어'라고만 검색해보세요. 그리고 거기서부터 시작하세요.

아이에게 보여줬을 때, 거부하지 않는다면 거기서부터 보면 됩니다. 자막 없이 하루에 일정 시간 이상 보세요. 도서관에 가면 영어 그림책이 많이 구비되어 있어요. 또 저렴한 온라인 영어 도서관도 있어요. 어떻게든 듣고 볼 수 있도록 해주세요.

2) 조용한 기간(Silent Period)의 존중

듣기와 읽기가 충분히 쌓이기 전에는 말이 터지지 않는 '조용한 기간'이 있습니다. 우리나라 말을 배울 때도 아이가 말을 하지 않고 듣기만 하는 기간이 정말 길죠. 적어도 태어나 1년은 있다가 단어를 말하기 시작하잖아요. 듣기, 말하기, 읽기, 쓰기의 네 기능이 서로 보완되는 것이지만 듣기와 읽기에 먼저 충분히 노출해주세요.

두 원칙 모두 일단은 영어 영상을 보고 영어책을 읽어보는 게 핵심입니다.

학년별 로드맵

학년별로 목표나 결과가 정해진 것이 아닙니다. 아이마다 시작 시기도, 공부 저항도, 속도도 다르니까요. 대충 이런 흐름이라고 생각하고 조절하세요. 학원을 다니고 있다 하더라도 아이의 공부를 계속 봐주고 자료도 구해주세요.

1) 1~2학년: 영어 친해지기와 소리 기반

이 시기는 영어를 '공부'가 아니라 최대한 '소리와 놀이'로 경험하게 해주세요. 영어 동요, 간단한 애니메이션을 자막 없이 듣게 하면서요. 처음에는 못 알아들어도 괜찮습니다. 반복 노출이 쌓이면 익숙해져요.

책은 그림과 패턴이 많은 그림책을 소리 내어 함께 읽으세요. 영어 오디오를 켜서 듣고 눈으로는 글자를 보는 듣는 독서를 하며 자연스럽게 영어 문장을 흡수합니다. 학습 포인트는 알파벳·파닉스를 '노래'나 '게임'처럼 가볍게 접하는 것입니다. 자주 보는 단어(사이트 워드)를 눈에 익히면서 쉬운 문장 읽기를 들으면서 듣는 양을 최대한 많이 채웁니다.

2) 3~4학년: 리더스북으로 읽기 근육 만들기

본격적으로 '읽기 습관'을 만드는 시기예요. 그림책에서 리더스북(짧은 문장·제한된 어휘로 된 책)으로 넘어가보세요. 예를 들어 ORT 같은 책은 쉬운 문형이 반복되니 읽기 근육을 키우기에 좋아요. 'ORT'라고 검색하면 여러 종류의 책이 나와요.

아니면 도서관에 가서 조금씩 글자가 많은 것으로 골라도 좋습니다. 그리고 영어 오디오를 틀고 들으면서 소리와 영어 문자를 대응시켜보세요. 그림책 → 글밥 있는 짧은 스토리북 → 예비 챕터북으로 다리를 놓습니다.

섀도잉(듣고 따라 말하기)을 하고 녹음해서 스스로 들어보면 발화 감각이 훨씬 빨리 길러집니다. 그리고 책에서 본 짧은 문장을 받아쓰기를 하면 읽기·쓰기·말하기가 연결됩니다.

3) 5~6학년: 챕터북 입문과 패턴 정리

챕터북(그림이 적고 글이 많은 책)을 부모와 교대로 읽다가 점점 혼자 읽게 전환해보세요. 오디오북이나 영상의 대사를 반복해서 들으면 발화 패턴이 몸에 밸 수 있습니다.

문법은 '현재진행형은 ~이다' 식의 설명보다 자주 쓰는 패턴을 먼저 익히게 하세요. 이후에 "이게 문법적으로는 이렇게 말해"라고 정리해주면 더 이해가 빨라집니다. 쓰기는 이제 긴 문장을 읽고, 자기 생각을 표현하는 단계로 넘어갑니다. 영어로 일기를 쓰는 것에 도전해보세요.

초등 영어는 재미와 반복으로 쌓습니다. 이해 가능한 입력을 꾸준히 넣고, 말하거나 쓰지 못한다고 불안해하지 않고 조용한 기간을 존중하며, 읽고 보는 양을 바탕으로 말하기와 쓰기를 짧게, 자주 붙이면 됩니다.

아이마다 속도는 달라도 방향이 맞으면 결국 도착합니다. 꾸준하게 지속하는 것이 부모도 아이도 힘듭니다. 지루한 과정을 반복하게 해주는 것이 부모가 해줄 수 있는 일입니다.

1) 초급: 친해지기 & 소리 기반

- 영어를 놀이처럼 접하게 하기(노래·율동·영상 활용)

- 영어 동요·애니메이션을 자막 없이 반복 노출하기

- 그림 많은 영어책을 소리 내어 함께 읽기

- 파닉스·사이트 워드는 익히기

2) 중급: 리더스북으로 읽기 근육 만들기

- 영어 영상을 자막 없이 반복 노출하기

- 그림책 → 리더스북 → 짧은 스토리북으로 단계 확장

- ORT, 리딩펀, 스텝리더스 등 반복 패턴 책 활용

- 영어 오디오와 함께 듣고 따라 읽기

- 짧은 문장 쓰기로 읽기·쓰기·말하기 연결

- 매일 10~15분씩 꾸준히 읽기 루틴 만들기

3) 고급: 챕터북 입문 & 표현 확장

- 챕터북을 부모와 교대로 읽기 → 혼자 읽기로 전환

- 오디오북·영어 영상 대사를 반복 청취

- 문법은 패턴 중심으로 자연스럽게 익히기

- 영어로 짧은 일기·생각 쓰기 시작

매일 확인 √

- 이번 주 읽기량은 어느 정도였습니까?(권 수/쪽 수)

- 반복 노출한 자료가 있었습니까?(동일 책·오디오 재청취)

3부
정서
문해력

아이들은 아직 감정을 정확한 말로 표현하지 못합니다.
아이가 자신의 감정을 바라보도록 도와주기 위해 필요한
것이 부모의 '정서 문해력'입니다. 아이의 말에 담긴
감정을 읽어내고, 스스로 그 감정을 인정하며 다룰 수
있도록 돕는 능력이죠.
아이가 느낀 마음과 내 마음을 함께 알아차리는 것이
정서 문해력의 출발점입니다.

1장 학습 정서 문해력

학습에서 가장 먼저 다뤄야 할 것은 지식이 아니라 아이의 마음입니다.

학습 정서 문해력이란 공부를 둘러싼 감정의 언어를 정확히 읽고 해석하는

능력입니다. 아이가 내뱉은 말 이면에 어떤 불안과 욕구가 자리하는지

부모가 제대로 읽어줄 때 공부도 잘할 수 있습니다.

"나는 수학 못해!"

"아이는 공부가 하기 싫을 때 못한다고 해요. '나는 영어 못해', '나는 수학

못해'라고요. 채점했는데 결과가 좋지 않을 때도 자긴 못한다고, 하기 싫다고 해요.

'그러니까 열심히 해야지!'라고 혼도 내보고, '너 그렇게 못하는 건 아니야'라고

위로도 해보았는데 소용이 없습니다.

어떻게 하면 좋을까요?"

많이 듣는 질문 중 하나가 이것입니다.

"뭐라고 말하면 공부 동기가 생기고 공부를 할까요?"

물론 공부의 필요성에 대해 설명해주는 것도 중요하지만 공부는 설득의 문제가 아니라 습관의 문제입니다.

아이들을 공부시키다 보면 습관을 들이기 위해 책상에 앉히고,

중간중간 힘들어할 때 격려하고, 좌절할 때 해주는 말 한마디가 힘이 될 수도 있다는 사실을 경험합니다.

"내가 해볼래!", "나 할 수 있어!"라고 너도나도 손을 들던 아이들도 어느 순간 공부가 힘들고 어렵다고 느끼죠. "저 어차피 못해요", "저 잘 못해요", 이렇게 말을 하는 아이로 변해버리곤 합니다. 그렇게 아이들은 학년이 올라가며 실패와 포기를 배워갑니다.

변화의 가능성이 있는 말로 바꿔주세요

저희 아들이 오랜만에 수학 연산 문제집을 풀려고 하니 잘 안 되었고 많이 틀렸습니다. 채점한 자신의 수학 문제집을 보고 아이가 이렇게 말합니다.

"난 수학은 못해."

수학 연산은 특히 자꾸 연습하면서 익숙해져야 하는 부분인 데다가, 안 하다 보면 귀찮아지는 영역이에요. 그렇다고 엄청난 수학 머리가 필요한 부분도 아니고요. 그런데도 아이들은 단순히 '많이 틀린 것 = 내가 못하는 것'이라고 생각해요. 낯설고, 귀찮은 건데, 이런 이유든, 저런 이유든 묶어서 "나는 못해"로 결론을 내어버리는 것이죠.

이때 "아니야. 너 못하는 거 아니야. 수학 원래 잘했잖아. 열심히 하면 되는 거야"라고 말해도 아이들은 믿지 못해요. 결과가 뻔히 나와 있는걸요. "아니야"라고 말하는 제게 "아냐, 나 수학 못하는 거 맞아!"라고 말하면서 오히려 자기 말이 맞는다는 것을 증명하려고 해요. 그때 이렇게 말해줍니다.

"못하는 게 아니라 귀찮은 거겠지. 연습하면 충분히 할 수 있는 건데, 받아내림하고 뺄셈하는 것을 생각하려면 답답하고 귀찮으니까 하기 싫다는 마음이 생기거든."

그 말을 들은 아들이 갑자기 조용해집니다. 못하는 게 아니라 귀찮은 거구나, 연습이 부족한 거구나. 원인이 달라졌으니 해결 방법도 달라집니다. 놀랍게도 다음 날 아들의 말이 바뀌었습니다. 수학 문제집을 풀기 전에 이렇게 말하더라고요.

"엄마, 귀찮아서 풀기 싫어."

'수학을 못하는 아이'에서 '귀찮아하는 아이'로 프레임이 바뀌었습니다. 변화의 가능성을 본인도 잃지 않은 거예요.

그럼 귀찮아하는 아이에게 수학 문제를 풀게 하려면 어떻게 해야 할까요? 뭐든지 시작이 힘듭니다. 우리도 그렇잖아요. 운동도 나가기까지 발걸음이 가장 무겁고, 책을 읽는 것도 일단 펴는 것까지가 제일 오래 걸리죠. 일단 시작을 하면 힘들긴 해도 그래도 조금이라도 하게 돼요.

아이들도 일단 시작하기 전까지가 가장 불안하고, 하기 싫어요.

그때 문제집을 펴서 앞에 몇 문제를 같이 풀어요.

"자, 엄마가 설명하면서 풀어볼 테니까 봐봐. 오늘 스티커 모아야 너 갖고 싶은 것(보상) 가질 수 있지."

아이가 '~을(를) 못해'를 사용해서 변화의 가능성이 없는 고정적인 말을 할 때, 못하는 원인을 생각해서 변화의 가능성이 있는 말로 바꿔주세요. "연습이 부족한 거겠지", "귀찮은 거겠지", "하기 싫은 것 같네"라고요.

🌱 실전 연습　생각에 변화를 주는 대화법

1) 진짜 원인을 찾아 질문한다

- 지금 하기 싫은 거야, 어려운 거야, 귀찮은 거야?(감정-원인 분리)
- 못하는 게 아니라, 지금은 귀찮은 거일 수도 있겠다.(원인 찾기)
- 익숙하지 않은 것은 아닐까?(원인 찾기)

2) 감정을 인정해준다

- 귀찮을 수도 있지. 나도 운동하기 전엔 그래.(공감으로 안정감 제공)

3) '할 수 있음'의 근거를 과거 경험에서 끌어낸다

- 전에 받아올림 문제 잘했잖아.

4) 구체적 시작을 제안한다

- 앞에 세 문제만 같이 해보자.(행동 시작 유도)

"공부하기
싫어!"

"공부가 재미없고 하기 싫은 건 알겠는데 공부하기 싫다는 말을 너무 자주 해요.

많은 양도 아니고 정말 조금만 하면 되는데, 그걸 못 해서 아이와 바닥을 보이며

갈등이 생기니 답답합니다."

아이가 "공부하기 싫어!"라고 말하면 화부터 납니다. 왜 냐하면 하루이틀 하는 말도 아니고, 옆집 공부 잘하는 아이 친구들을 생각하면 부모도 불안한 감정이 올라오기 때문이죠.

아이들이 공부하기 싫은 이유는 다양합니다. 일단 노는 게 더 재미있잖아요. 에너지를 모아서, 어려움의 고비를 넘고, 인내해야 하는

공부가 재미있다는 아이는 흔치 않습니다. 그래도 공부를 조금 더 할 만하게 바꾸려면 어떻게 하면 좋을까요? 안 그래도 싫은 공부를 더 하기 싫게 만드는 요인을 찾아 제거하면 될 것입니다.

- 공부량이 너무 많다고 느껴질 때, 아이는 감히 시작할 엄두도 내지 못합니다.
- 공부가 너무 어려워도 시작하기 부담스럽습니다.
- 너무 외우는 방식이라든가, 쓰기가 많다든가 하면 공부 방법이 지루합니다.

양과 수준, 방법을 조절해 보세요

아이의 공부 양과 수준을 조절해주세요. 이때 일방적으로 조절하는 게 아니라 아이와 상호작용을 하며 대응해야 합니다. "이만큼 해야 해, 이런 수준의 문제집을 풀자, 이런 방법으로 공부하자" 하고 정해서 아이에게 적용하는 게 끝이 아닙니다. 적용해보았는데, 아이의 반응이나 속도가 어떤지를 예민하게 확인해서 대범하게 다음 스텝을 결정해야 합니다.

물론 처음에는 '우리 아이는 이러이러한 게 필요하고, 부족하니 이런 문제집을 이만큼 풀어보면 좋겠다'는 방향을 갖고 제시합니다.

그렇게 공부를 해보았는데 아이가 너무 공부 저항이 심해요. 매번 공부하기 싫다고 하고, 조금만 줄여달라고 떼를 써요. 그러면 아이의 반응에 대응하는 대화를 시작해야 합니다.

1) 양

"3장이 많으면 2장으로 줄여볼까? 그 정도면 할 만하겠어?"

"하루에 반쪽씩만 할래."

"그럼 이번 달만 반쪽으로 하고 그다음부터는 늘리는 거야."

2) 수준

'심화 수학 문제집'이 필요하다고 해서 하루에 반 장씩만이라도 풀어보자고 했는데 아이가 너무 어려워해서 싫어한다고요? 그러면 문제집값이 아까워도, 잠시 놔두고, 쉬운 문제집을 다시 구매해야 하는 거예요.

3) 방법

영어 학원에 보내놓았는데 자꾸 다니기 싫다고 해요. 그럼 다른 방식으로 영어를 공부하는 방법을 생각해보는 거예요. 외우고 쓰는 것은 조금 늦추고, 일단 영어 영상도 보고 재미있는 영어 책도 읽어보고, 영어 단어 읽기 놀이도 하는 것으로요.

그런데 최대한 쉬운 것으로 최소한의 양만 계획을 세웠는데도 하기 싫어한다면요? 쉬운 것으로 최소한의 양을 반복할 수 있도록 도와줍니다. 이때 효과가 좋은 말이 있어요.

"엄마는 네가 이 정도는 충분히 할 수 있는 아이라는 믿음이 있기 때문에 해보자고 하는 거야. 전혀 가능성이 없는 사람한테 해보자고 하겠니?"

물론 너무 많은 양이나 어려운 수준인데, 이런 말을 하면 진정성이 없겠죠? 충분한 조정을 거친 뒤에 이런 말을 해야 합니다.

양을 늘리고 수준을 높이는 속도는 아이의 반응을 보고 결정합니다. 반응을 보는 방식은 '찔러보기'입니다. "이제 3장씩으로 늘려봐도 괜찮겠어?" 하고 엄마가 최소한으로 바라는 양(2장)보다 조금 많은 양을 이야기합니다. 아이가 받아들일 수도 있고, 조금 줄일 수도 있는 거예요.

선택의 기회가 있다면 아이는 자율성을 느낍니다. 어린애가 뭘 알겠느냐고요? 아이들이 '자기주도학습'을 하기를 바라시죠? 자기주도학습의 본질은 '조절'입니다. '이 정도는 내가 할 만한가?'를 스스로 생각해보는 거예요.

부모가 주도하는 양이 80이더라도 아이가 주도하는 부분을 10, 20이라도 주면서 기회를 주세요. 그렇게 양과 수준과 방법을 함께 조절하고, 맞는 방법을 찾아가세요. 속도도 조절하고, 수준도 맞춰

가는 것입니다.

10kg짜리 덤벨도 들기 힘들어하는 저 같은 사람에게 운동을 잘하는 트레이너가 "이 정도면 충분히 할 만하고, 이 정도는 해야 실력이 늘어요"라면서 40kg을 들라고 해요. 그럼 저는 운동하러 가기 싫겠죠. 10kg(최소한의 공부량과 수준)이라도 제대로, 반복해서 한동안 연습한 후에 "몇 kg으로 늘려보실 수 있겠어요?"라고 묻는다면 "20kg이요?" 정도로 도전을 해봤을 거예요. 막상 20kg에 도전했는데 여전히 너무 힘들다면 "그냥 10kg으로 개수를 늘려볼게요"라고 하겠죠.

트레이너의 역할은 "무조건 더 해!"가 아니라 '지금 할 수 있는 만큼 제대로 하게 도와주는 것'입니다. 부모의 역할도 같습니다. '아이가 공부하기 싫다'고 할 때, 그 말을 억누르거나 부정하기보다 지금의 에너지 수준과 한계치를 함께 조정해주는 것이 필요합니다.

10kg을 꾸준히 드는 사람이 결국 20kg을 들 수 있게 되듯, 공부도 양과 수준, 방법의 조절 속에서 지속 가능성이 생깁니다. 공부는 체력과 똑같아요. 처음부터 오래, 많이, 어려운 것을 시도하면 '싫음'이 커질 뿐이에요. 하지만 '조금 해보니 괜찮다'는 성공 경험이 쌓이면 아이는 스스로 '조금 더 해볼까?'라는 동기를 회복합니다. 이게 바로 자기조절의 시작, 즉 자기주도학습의 첫걸음이에요.

실전 연습 공부 동기를 만드는 대화법

1) "하기 싫어"라는 말을 부정하지 않는다(감정 수용으로 신뢰 형성)

- 공부하는 거 귀찮고 힘들어. 맞아. 엄마도 그래.

2) '양·수준·방법' 중 어떤 요인이 문제인지 확인한다(원인 진단)

① 양이 많을 때("너무 많아"): 너무 버거워하는지 보고 양의 적정도 다시 고려

- 숙제가 한꺼번에 많아 보이니까 하기 싫고 막막했구나. 그럴 수 있어. 눈앞에 쌓인 걸 보니 어디서부터 시작해야 할지 모르겠는 거지.
- 다 한 번에 끝내려고 하지 말고, 작은 덩어리로 나눠서 해보자. 예를 들어 수학 두 장만 먼저 하고, 그다음 국어 한 장 하는 식으로.
- 시간을 정해두는 것도 좋아. '15분 동안 딱 이것만 한다'고 정하고, 짧게 집중하면 훨씬 수월해.
- 혹시 너무 힘들면, 오늘 한 장하고, 내일 오늘 못 한 것까지 할 수도 있어.
- 많아 보여도, 하나씩 하다 보면 결국 다 끝나.

② 수준이 높을 때("너무 어려워"): 아이의 오답률을 보고 수준을 확인

- 처음부터 완벽하게 하려다 보니 더 부담스러웠을 수도 있겠다.
- 이건 지금 단계에서는 조금 빠른 내용이야. 한 단계 쉬운 문제집으로 돌아가서 기초를 다지고 다시 오자.
- 지금 어렵다고 해서 영원히 못 하는 건 아니야. 지금은 연습이 덜 된 거야.

③ 방법이 맞지 않을 때("너무 지루해"): 시간만 질질 끌거나, 싫어하기만 할 때

- 공부도 사람마다 스타일이 달라. 너는 듣고 말하면서 배우는 게 더 편할 수도 있어.
- 외우는 대신 카드 놀이로 바꿔보자. '뜻 맞히기 게임'처럼 말이야.
- 책 대신 짧은 영상이나 오디오로 듣고 이야기 나누는 방법도 좋아.
- 한 자리에서 오래 앉아 있기 힘들면, 10분 공부하고 3분 스트레칭하는 '짧은 루틴'을 만들어보자.

3) 조정안을 제안하고 아이에게 선택권을 준다(자율성 회복)

- 지금 하는 양이 너무 많아? 줄였다가 늘려볼까?(양의 확인)

• 문제집을 조금 쉬운 것으로 바꿔서 그거 끝낸 후에 이건 풀자.(수준 제안)

• 같이 시간 재면서 해볼까?, 카드에 써서 외워볼까?, 선생님처럼 설명하면서 해볼까?(방법 제안)

4) 아이가 한 행동을 구체적으로 칭찬한다(동기 강화)

• 오늘도 끝까지 한 우리 딸 최고!

• 역시 우리 아들은 포기를 하지 않는 사람이야.

• 중간에 귀찮고 어려웠어도 다 풀어낸 모습이 정말 멋져!

5) '찔러보기 질문'으로 다음 단계를 자연스럽게 유도한다(점진적 확장)

• 이제 하루에 2장은 충분히 할 수 있는 공부의 근육이 생긴 것 같아. 3장씩 늘려볼까?

• 이번에는 조금 높은 단계의 문제집도 도전해볼 수 있을 것 같은데 어때?

"엄마가
하라고 하니까
하는 거야!"

"아이가 자기 공부인데 마치 저를 위해 해주는 것처럼 말을 해요.

'엄마가 하라니까 했잖아요. 이제 됐죠?'라고 해요.

그 말을 들으면 서운함과 허무함이 한꺼번에 밀려듭니다.

이게 도대체 누구의 공부인지, 내가 이렇게까지 부탁해야 하는 일인가 싶어요."

공부에 대한 주인의식을 찾아주기 위해 무슨 말을 해줄 수 있을까요? "자신을 위해 하는 거지, 엄마 좋으라고 하는 거야?"라는 말 외에 '공부라는 것은 자기 자신을 사랑하는 방법'이라는 것을 알려주는 것이죠.

"엄마는 네가 더 멋진 미래를 살아갔으면 해서 최대한 많이 지원해주고 싶은 마음이 있어. 네가 나중에 힘들어하고 후회하면 엄마 마음이 아플 것 같아. 엄마가 널 아무리 사랑해도 네 삶은 네 것이지, 엄마의 것은 아니야. 지금 네가 공부하는 건 엄마를 위한 게 아니라, 네 미래를 위한 거야. 너 자신을 사랑하는 방법 중 하나가 공부야."

그리고 프레임을 다르게 만들어줍니다. 예를 들어 학생들이 잘못된 행동을 했을 때 저는 이렇게 대화를 합니다.

- 수업 시간에 떠드는 학생에게: "수업 시간에 집중이 잘 안 되는 것 같은데 절제하는 방법을 선생님이랑 같이 배워볼 수 있도록 도와줄게."
- 친구를 놀린 학생에게: "친구에게 마음을 표현하고 친구를 배려하고 존중하는 방법을 배울 수 있도록 선생님이 도와줄게."

선생님은 '혼내는 사람', 아이는 '혼나는 사람'이라는 관계를 만들지 않고, 선생님은 '도와주는 사람', 아이는 '도움이 필요한 사람'으로 만드는 것입니다. 공부가 자기 일로 바뀌려면, 부모는 '시켜서 하게 만드는 사람'이 아니라 '도와주는 사람', '함께 방법을 찾는 사람'으로서 있어야 합니다.

부모가 "넌 왜 안 해?"가 아니라 "이걸 잘하려면 어떤 방법이 필요할까?"라고 물으면, 아이의 마음은 방어에서 탐색으로 바뀝니다.

"잘 모르겠으면 같이 방법을 찾아보자. 엄마가 도와줄게."

이런 말에는 '너는 나쁜 아이가 아니라 아직 방법을 찾지 못한 아이'라는 믿음이 깔려 있습니다.

"하루 해야 하는 공부를 밀리지 않고 하는 게 힘든 것 같아. 누구나 힘들지. 엄마도 힘들기 때문에 더 잘 알아. 엄마가 도와줄게. 우리 같이 방법을 찾아보자."

규칙을 만들고 지킬 수 있는 환경을 조성합니다. 규칙이 지켜지지 않을 때, 규칙을 상기시켜줍니다. 예를 들어, '학교에 다녀와서 바로 오늘의 할 일을 한다'는 규칙을 함께 만들었다고 해보죠. 규칙을 지키지 않았을 때는 어떻게 책임질지에 대해 협의해서 정합니다. 방법을 탐색하고, 그 방법을 실천하는 식으로 가야 합니다.

방법만 찾았다고 끝이 아니에요. 다음 날 실천할 수 있도록 도와줘야 해요. 상기시켜주세요.

"엄마랑 같이 찾았던 방법 기억하지? 알고 있지?"

이 말 역시 믿음이 바탕이 되어 있어요. '너는 실천할 것이다, 실천할 아이다'라는 게 깔려 있죠. "알지?"는 '너는 어제의 약속을 기억하고 있을 거야. 할 수 있을 거야'를 전달하는 말이에요.

시키는 게 아니라 선택할 기회를 주는 화법을 사용하세요

어차피 시켜서 공부를 해야 한다면, '시켜서 하는 아이'가 아니라 '스스로 선택해서 하는 아이'가 되게 해야 합니다. 공부를 시키는 대신 선택의 기회를 주는 방식으로 말해보세요.

- 숙제 있다더니 지금 할 거야? 아니면 저녁 먹고 할 거야?

  ('숙제를 할 것이다'는 전제, '언제 할지'의 선택권 부여)

- 내일 수행평가 준비, 한 시간 후에 엄마가 도와줄까?

  ('준비할 것이다'라는 전제, 도와주는 시점만 결정하게 함)

- 학원 숙제는 언제 할 계획이니?

이 질문들의 공통점은 '넌 어차피 할 아이야'라는 믿음을 보여주는 언어라는 것입니다. 명령이 아니라 '신뢰'의 말투로 바뀌면, 아이는 시켜서 하는 게 아니라 스스로 선택해서 행동하는 주체로 바뀝니다.

물론 "오늘 할 일이 뭐지?"라고 물으면 "유튜브 보기!", "놀기!"라고 말하며 장난을 칠 수 있습니다. 그러면 유쾌하게 받아치세요. "에이, 우리 아들은 할 일이 있을 텐데, 뭐부터 할까? 독서? 수학? 영어?" 이런 식으로요.

아이는 부모가 비난하는 뉘앙스인지, 진심으로 나를 생각해서 하는 뉘앙스인지 다 압니다. 부모가 자신을 나쁜 아이로 몰아세우지 않고 믿는다는 점을 느끼면 아이 역시 방어적인 태도를 버립니다. 부모의 닦달 때문에 부모 말을 듣는 아이가 아니라 자신이 내린 선택을 통해 생각할 수 있습니다.

선택의 경험이 자율성을 만듭니다. 아이의 자율성은 "그냥 네 마음대로 해"라는 말에서 자라지 않습니다. 규칙 안에서 선택할 기회를 반복해서 주는 것이 자율성 훈련이에요.

집에 와서 "숙제해!" 대신 "오늘 오후 계획은 어떻게 돼?", "지금은 무엇을 해야 하는 시간일까?", "우리가 정한 규칙은 뭐였지?"라고 물으면 아이는 규칙을 떠올리고, 스스로 판단하는 법을 배웁니다.

규칙을 어겼을 때도 "왜 안 했니?"보다 "우리가 정한 약속은 뭐였더라?"로 상기시키세요.

"우리 서윤이는 정해진 일을 안 하려고 한 건 아닐 거야. 하루 할 일을 자꾸 놓치게 되는 이유가 뭘까? 방법을 찾아보자."

부모는 '심판자'가 아니라 '방법을 찾아주는 파트너'라는 프레임을 일관되게 유지하세요. 물론 그러더라도 아이가 짜증을 낼 수도 있고 반항을 할 수도 있어요. 하지만 반복하고 협력하고 인내하다 보면 조금씩 성장하는 모습을 볼 수 있을 것입니다.

 공부 방법을 스스로 선택하게 하는 대화법

1) 공부를 '나를 위한 일'로 인식시키는 말

- 엄마가 시켜서 하는 게 아니라, 너 자신을 위해 하는 거야.

- 공부는 네 미래를 위한 거야. 네가 잘되면 엄마가 행복한 건 덤이야.

- 엄마가 널 사랑하니까 도와주고 있는 거야. 결국은 네 인생이지, 엄마의 인생은 아니야.

- 공부는 너 자신을 사랑하는 방법 중 하나야.

2) '혼내는 사람'이 아니라 '도와주는 사람'으로 프레임 전환

- 지금 잘 안 되는 부분을 같이 해결해보자.

- 친구와 마음을 나누는 법을 배워보자. 엄마가 도와줄게.

- 안 하려는 게 아니라, 아직 방법을 못 찾은 거야. 방법을 같이 찾아보자.

3) 명령 대신 신뢰를 담은 선택 질문

- 숙제를 할 거지? 그럼 지금 할까, 저녁 먹고 할까?

- 내일 수행평가 준비 언제 도와줄까? 한 시간 뒤?

- 학원 숙제는 언제 할 계획이야?

4) 규칙 위에서 자율성 키우기

- 우리가 정한 약속은 뭐였지?

- 오늘 약속을 못 지킨 이유가 뭐였을까? 방법을 다시 찾아보자.

- 엄마는 네가 지킬 수 있을 거라고 믿어. 어제처럼 해보자.

- 어제 우리가 찾은 방법 기억하지? 오늘도 그 방법으로 해보자.

5) 방어를 탐색으로 바꾸는 말

- 잘 모르겠으면 같이 방법을 찾아보자.

- 하기 싫다는 말 속에 어떤 마음이 있을까?

- 무엇이 제일 어렵게 느껴져?

- 엄마도 네가 힘든 걸 알아. 그래서 도와주려고 해.

"문제 틀리면
너무 속상하고
짜증이 나."

"집에서 공부시키는 게 힘든 것은 둘째 치고, 문제집을 풀고

틀릴 때마다 짜증을 내니, 채점하는 순간 저는 너무 긴장됩니다.

아이가 짜증 내는 것을 듣고 있어야 하니까요.

혼도 내보고 달래도 보았는데 좀처럼 좋아지지 않네요."

집에서 공부하다가 채점할 때마다 아이가 울고 짜증 내서 채점하기가 무서운 부모님도 있지요? 공부를 시키는 것보다 공부하다가 내는 아이의 짜증이 두려워지기까지 하는 부모님이요. 저도 그중 한 명이었어요.

저도 아이에게 "결과보다 과정이 중요해. 틀렸어도 네가 열심히 했

으면 된 거야"라고 말해보았지만 "나도 알아. 그런데 속상한데 어떡해. 나는 결과도 중요한데 어떡해"라고 말하는 아이를 보고 할 말이 없더라고요. 아이의 화와 짜증 뒤에는 '불안'과 '소망'이 들어 있으니까요. 잘하고 싶은 마음이 있으니 짜증도 나는 것이겠지요.

그럼 욕심껏 평소에 열심히 하든지, 그것도 아니면서 결과로만 짜증을 내는 아이를 보면 답답합니다. "속상했구나. 열심히 했는데 계속 틀리니까 화가 나고 답답했지. 그럴 땐 누구라도 짜증이 날 거야. 울고 싶을 만큼 속상한 마음, 엄마도 이해해" 하는 공감의 말도 하루이틀이죠!

일단 머리로 이해할 수 있는 것들은 아이에게 다 알려주고 마음을 훈련하세요. 생각의 방식도 훈련의 영역입니다. "틀리는 건 네가 배우는 과정이라는 뜻이야. 만약 처음부터 다 맞으면, 사실은 새로 배운 게 없는 거거든. 틀린 문제는 '여기서 더 똑똑해질 기회다' 하고 생각해보자" 하고 틀림의 가치도 알려줍니다.

"틀린 문제는 그냥 넘어가지 말고, 왜 틀렸는지 딱 한 줄로 적어두자. 그러면 같은 실수를 덜 하게 돼."

"문제를 다 맞히려고만 하지 말고, 오늘은 '틀린 이유 찾기 연습'을 목표로 해도 좋아."

이렇게 틀린 문제를 고치는 방법도 알려주세요.

"너무 화가 날 땐 잠깐 자리를 떠나서 물 마시고 오자. 마음이 가라앉으면 다시 볼 수 있어."

이렇게 마음을 진정하는 방법도 알려주세요.

'틀린 나'를 받아들이는 연습을 시켜주세요

틀렸다는 사실보다 '틀린 나'를 받아들이는 힘이 더 중요해요. 아이의 눈물이 단순히 결과 때문이 아니라, '결과에 대한 자기 해석' 때문이라는 것을 배워가는 것입니다.

"틀려서 속상하지? 그런데 이건 실패가 아니라, 다음을 준비하는 과정이야."

"결과가 네 마음처럼 안 나올 수도 있어. 하지만 네가 배우는 태도는 여전히 자라고 있잖아."

이런 말이 처음엔 공허하게 들릴 수도 있어요. 하지만 아이는 반복되는 이 말에서 '틀림도 견딜 수 있는 마음의 회복력'을 배우게 됩니다.

그리고도 별 소용이 없다면 아이의 공부 결과에서 관심을 거두세요. 어쩌면 아이는 어릴 때부터 잘하는 모습을 보여왔고, 그 모습을 보며 감탄했던 부모님을 보고 '나는 특별하다', '나는 잘해야만 한다'와 같은 마음을 만들었는지도 몰라요. 그게 꼭 나쁘다고는 볼 수 없어요. 그런 기대에 부응하려고 하다 보면, 외적 동기지만 잘하려는 마음이 멋진 행동을 이끌기도 하니까요. 하지만 외적 동기의 부작용이 더 커진다면 그때는 외적 동기를 없애야 하죠.

부모의 기대는 아이를 움직이는 가장 강력한 연료이자, 때로는 가장 무거운 짐이 되기도 합니다. 아이들은 생각보다 부모의 표정 하나, 한숨 하나를 민감하게 읽어냅니다. "괜찮아"라는 말보다 "이번엔 좀 아쉽네"라는 눈빛이 더 오래 마음에 남죠. 그래서 '부모가 나에게 실망하지 않았을까?' 하는 생각이 공부보다 더 큰 두려움이 됩니다.

너무 칭찬만 받으면서 자라서, 완벽하지 않은 자기 자신을 받아들이기 힘들어할 수도 있어요. '틀리는 나', '잘하지 못하는 나', '꾸중 듣는 나' 등 '별로인 나'도 직면하는 경험이 필요해요.

'이번에는 별로였는데 다음에는 잘해봐야지', '이건 내가 부족한데, 다른 부분은 잘해', '조금 더 노력해야겠어' 하는 생각을 해내면서 회복할 힘을 찾아내는 것입니다. 커가며 좌절의 크기도 커질 거예요. 내가 원하는 것을 다 얻지 못할 수 있다는 것, 나도 잘하지 못하는 게 있다는 것을 받아들여야 할 일이 많아집니다. 이런 모든 경험이 '연습'이에요.

결국 아이가 배워야 하는 건 '틀렸을 때 나를 다루는 법'입니다. 틀림, 불완전함, 실패, 좌절을 견디는 법을 배우며 회복탄력성을 키워갑니다.

- 속상했구나. 네 마음 이해해. 열심히 했는데 결과가 마음처럼 안 나왔구나.(감정 인정)

- 너무 화가 날 땐 잠깐 물 마시고 오자. 마음이 가라앉으면 다시 볼 수 있어.(정서 조절 방법)

- 문제를 틀리는 건 네가 더 똑똑해질 기회야. 새로 배우는 중이라는 뜻이거든.(성장형 사고 촉진)

- 오늘은 다 맞히기보다 '틀린 이유 찾기 연습'을 목표로 해보자.(과정 중심 전환)

- 괜찮아. 이번엔 아쉬웠지만, 다음엔 더 배울 수 있겠네.(실망감 대신 격려)

- 틀린 나도 괜찮아. 그래야 다음엔 더 나아질 수 있어.(자기 수용)

- 결과가 아니라, 그 결과를 해석하는 네 마음이 중요해.(해석 방식 제안)

- 엄마가 좋아하는 건 네 점수가 아니라 너 자체야. 네가 힘들어도 다시 해보려고 애쓰는 그 모습이 더 자랑스러워.(존재 인정)

"공부는
왜 해야 해?"

"선생님, 공부는 왜 해야 해요?"

이런 질문을 저도 많이 받습니다. 사실 아이들도 선생님이나 부모님이 특별한 답을 해줄 거라고 기대하지는 않을 거예요. 이미 수도 없이 들어서 알고 있거든요.

아이들이 "공부는 왜 해야 해요?"라고 묻는 것은 "공부하기 싫어요”, “공부해야 하는 이유를 내가 피부로 못 느끼는데 왜 해야 하는지 모르겠어요” 하는 의견을 질문으로 표현하는 거죠.

처음 몇 번은 설명해줄 수 있어요. 하지만 앞에서 말했듯 공부는 설득의 문제가 아니라, 습관의 문제입니다. 공부는 ‘의욕이 생기면 하는 일’이 아니라 ‘매일 하니까 자연스럽게 하는 일’이 되는 것이라고 생각해야 해요. 양치나 식사처럼요.

공부의 본질적 의미를 알려주세요

초반에 설득이 필요하다면, ‘공부의 본질적 의미’를 알려주세요.

“공부는 ‘미래를 준비하는 기본기’야. 우리는 커서 결국 내가 하는 일로 누군가에게 가치를 주는 사람이 되어야 하지. 사람들이 내 일을 보고 ‘좋아요’, ‘필요해요’, ‘고마워요’ 하며 기꺼이 돈을 지불할 만큼의 일을 해야 해. 그게 어른의 일이고, 경제적 독립이야. 그 일을 잘하려면 그 일에 필요한 공부를 해야 하고 연습을 해야 하지. 그리고 그 공부를 하기 위해 꼭 먼저 익혀야 하는 것이 지금 하는 국어, 수학, 사회, 과학, 영어 공부야.

요리사가 되려 해도 처음부터 멋진 요리를 하지 않아. 먼저 채소를 씻고 다듬고, 쌀을 씻고 밥을 하며 지루하고 힘든 기본기부터 익혀. 피아니스트는 도레미파솔라시도 계이름을 배우고 축구선수는 달리기부터 하며 체력을 기른단다.

지금 하는 공부가 바로 그 '기본기'야. 글을 읽고, 수를 계산하고, 세상을 이해하는 힘은 훗날 어떤 일을 하든 반드시 필요해. 기본기가 튼튼하면 어떤 꿈을 만나도 그걸 이루어낼 힘이 있는 거야. 지금 하는 공부는 네 무기를 만드는 거야. 나중에 정말 하고 싶은 일을 만났을 때, 네 무기가 많을수록 훨씬 멋지게 싸울 수 있어."

만약 게임 유튜버 할 거라서, 아이돌을 할 거라서 공부가 필요 없다고 말하면 이렇게 말해주세요.

"세상에 공부가 필요 없는 일은 없어. 훌륭한 안무가가 되려면 춤뿐 아니라 음악의 리듬, 무대 구성, 체력 관리, 협업의 기술을 공부해야 하고, 게임 유튜버도 사람들의 시선을 분석하고 영상 제목과 스토리를 기획하고, 통계도 읽을 줄 알아야 해. 공부는 직접적으로 관련 없어 보이지만, 그 속에서 우리는 생각하는 힘, 문제를 해결하는 힘, 하기 싫어도 끝까지 해보는 끈기, 성실한 태도를 배우는 거야. 이건 시험 점수가 아니라 '뇌를 훈련하는 공부'야."

그리고 우리가 공부를 하는 이유 중 하나는 최고가 되고 1등이 되기 위해서가 아니라 쾌락적인 즐거움 외에 생산적인 즐거움을 느껴볼 기회를 얻기 위해서죠. 보통 '재밌다', '즐겁다' 하면 게임을 하고 놀러 가는 즐거움만 생각하니까요.

"공부는 '즐거움의 또 다른 종류'를 배우는 일이야. 세상에는 두 가지 즐거움이 있단다. 첫 번째는 먹고 자고 놀며 느끼는 즉각적인 즐거움, 두 번째는 힘든 일을 해냈을 때 오는 뿌듯한 즐거움. 줄넘기를 백 번 성공했을 때, 글씨를 집중해서 써서 칭찬받았을 때, 그 뿌듯하고 자랑스러운 마음. 그게 바로 노력의 즐거움이야. 공부는 바로 그 두 번째 즐거움을 키워주는 과정이야. 지금은 지루하고 하기 싫을지라도, 점점 나아지는 모습을 보면서 뿌듯함을 느끼고 즐거움을 느낄 수 있게 된단다."

그다음은 '관철'의 시간입니다. 설득은 필요하지만, 설득으로 끝나면 아이는 움직이지 않습니다. 공감과 설득은 시작일 뿐, 습관은 '관철'을 통해 만들어집니다. 관철한다는 건 아이가 싫다고 해도 끝까지 약속을 지키게 돕는 거예요. 이는 억지로 시키는 게 아니라 '너는 할 수 있다'는 믿음의 표현입니다.

"싫을 수 있지. 그래도 해야 해."

"해야 하는 것은 당연한 거야. 하지만 순서는 네가 정해도 돼."

"우리 약속 기억하지? 지금은 그 약속을 지킬 시간이야."

설명은 짧게, 행동은 일관되게. 이게 관철의 기본입니다. 처음엔 짜증과 눈물이 따르지만, 그 시간을 넘어가면 아이는 '공부는 매일 하는 일'로 받아들이게 됩니다. 그게 바로 습관의 완성이에요.

1) 설득은 씨앗이다

- 공부가 왜 필요한지 궁금했구나. 네 마음 충분히 이해해. 힘들게 하는 것 같고, 지금 당장 쓰임새가 안 보이니까 답답할 수도 있지.
- 공부는 힘든 일을 해냈을 때의 즐거움을 배우는 거야.
- 공부는 점수나 시험 때문만이 아니야. 네가 세상을 더 잘 이해하고, 하고 싶은 걸 선택할 힘을 주는 거야.
- 공부는 네가 원하는 삶을 살기 위해 필요한 '도구'를 모으는 과정이야.
- 공부는 지금 눈앞의 시험만을 위한 게 아니야. 네가 어른이 되어서 하고 싶은 일을 찾았을 때, 그 일을 할 수 있는 열쇠가 되어줄 거야.

2) 관철은 물주기다

- 싫을 수 있지. 그래도 해야 해.
- 우리 약속 기억하지?

3) 습관은 열매다

- 역시 성실한 사람이야.
- 오늘도 자신과의 약속을 지킨 스스로 칭찬해줘.

"친구는
다 잘하는데
나는 못해."

"공부를 열심히 잘하는 아이 친구를 보면 속상한데,

막상 아이가 '친구는 잘하는데 나는 못해'라고 스스로 비교하면

더 속상합니다. '괜찮아. 각자 잘하는 게 있는 거야'라고 말해주지만

비교의 고통을 알기에 더 힘들어요."

요즘 시험이 없어졌다고 해도, 교실에서 같은 또래의 친구들과 같은 활동을 하다 보니 비교를 할 수밖에 없어요. '친구는 잘하는데 왜 나는 못할까'라는 생각을 하게 되죠. 비교는 피할 수 없는데 비교를 하면 참 힘듭니다.

우리 아이들은 공부만 배우는 게 아닙니다. 비교하는 마음이 들

때, 어떻게 대처해야 할지도 배워가야죠. 모범 답안 같은 말이 식상할지라도 자꾸 해주면 그게 마음속에 스며들어요. 자신만의 빛을 찾기를 바라는 우리 아이들에게 꼭 이 이야기를 해줍니다.

"우리는 모두 똑같은 두뇌를 가지고 태어났지만, 그 안에서 빛나는 부분은 서로 다르단다. 이걸 '다중지능(Multiple Intelligences)'이라고 해. 하버드대학교의 가드너 박사님이 이런 말을 했어. '지능은 하나가 아니라 여덟 개 이상이다.' 즉 공부 잘하는 지능 하나만 있는게 아니라는 거야.

어떤 친구는 말로 표현을 잘하는 '언어지능'이 뛰어나서 글을 쓰거나 발표를 잘해. 또 어떤 친구는 숫자와 규칙을 잘 이해하는 '논리·수학지능'이 강하고, 그림으로 생각을 잘하는 친구는 '공간지능', 몸을 쓰는 걸 잘하는 친구는 '운동지능', 노래를 잘 부르고 리듬을 느끼는 친구는 '음악지능', 친구 마음을 잘 읽는 친구는 '대인관계지능', 자기 마음을 잘 들여다보는 친구는 '내적지능', 자연을 관찰하고 생명에 관심이 많은 친구는 '자연탐구지능'이 뛰어나.

모두 다른 방식으로 똑똑한 거야. 강점은 잘하는 것이기도 하지만, 더 정확히 말하면 마음이 살아나고 재미있다고 느끼는 것이야. 사람마다 강점은 달라. 그래서 친구와 비교할 필요가 없어."

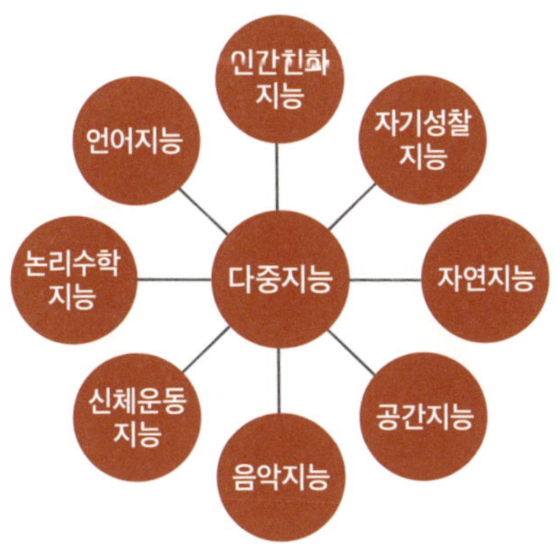

모두 잘하는 게 다르다는 걸 알려주세요

같이 해주세요.

그리고 다중지능과 강점의 개념이 더 잘 와닿을 수 있도록 이 이야기도 꼭

어느 날, 숲속 동물들이 모여 달리기 시합을 열었어요.

"누가 세상에서 제일 빠른지 겨뤄보자!"

토끼는 귀를 쫑긋 세우며 당당하게 말했어요.

"당연히 나지! 나는 점프 한 번이면 산 너머까지 간다고!"

첫 번째 경기는 달리기였어요.

"준비, 땅!"

토끼는 총알처럼 튀어나갔어요. 거북이는 느릿느릿 기어가고, 새는

펄럭펄럭 뛰다가 결국 몇 걸음 못 가서 넘어졌어요.

"와! 토끼가 1등이다!"

모두가 환호했어요. 거북이는 숨을 헐떡이며 말했어요.

"역시 토끼는 빠르구나. 나는 너무 느려서 속상해."

새도 고개를 숙였어요.

"나도 달리기는 못 하겠어. 다리에 힘이 없거든."

두 번째 경기는 헤엄치기였어요. 이번엔 커다란 호수에서 시합을 했어요. 토끼는 발을 물에 담그자마자 소리쳤어요.

"으악, 물이 차가워! 나 못해!"

새는 날개가 젖어서 푸덕푸덕 힘없이 떠 있었어요. 그런데 거북이는 미끄러지듯 물속으로 들어가 힘차게 헤엄쳤어요.

"이야, 거북이가 1등이야!"

모두가 박수를 쳤어요. 이번엔 토끼가 속상했어요.

"나는 물에서는 아무것도 못 하네…."

새도 중얼거렸어요.

"물에서는 이렇게 힘들다니…."

마지막 경기는 하늘에서 벌어진 날기였어요. 거북이는 하늘을 올려다보며 한숨을 쉬었어요.

"난 날개가 없어서 시작도 못 하겠네."

토끼도 고개를 푹 숙였어요.

"나도 무서워서 못 올라가겠어."

그때 새가 하늘로 솟구쳤어요. 햇살을 뚫고 날개를 펼치자 바람이 노래를 불렀어요.

"우와! 새가 하늘의 1등이야!"

이번엔 모두 새를 보며 박수를 쳤어요. 시합이 끝난 뒤, 세 친구는 서로를 바라보았어요. 토끼가 말했어요.

"거북아, 넌 물에서 정말 멋졌어."

거북이는 웃으며 대답했어요.

"새야, 네가 하늘을 나는 모습은 진짜 부러웠어."

새도 웃었어요.

"우리 셋 다 1등이었네. 단지 1등 하는 장소가 달랐을 뿐이야."

아이에게 이렇게 말해주세요.

"물에서는 거북이가 1등이고, 육지에서는 토끼가 1등이고, 하늘에서는 새가 1등이야. 그러니까 누가 더 낫고 못한 게 아니야. 그냥 네 무대가 아직 안 찾아진 것뿐이야. 꾸준하고 성실하게 눈앞에 보이는 것들을 하다 보면 내가 좋아하고 잘하는 것들을 찾을 수 있어. 그런데 아무것도 안 하고, 기다리기만 한다고 내가 잘하는 것을 찾을 수 있는 것은 아니야."

저도 아이에게 '언제까지 이런 말을 해주어야 해?' 싶었어요. 그런데 놀랍게도 제가 아이에게 해주었던 위로를 아이가 저에게 해주고 있더라고요. 어느 날 조회수가 높은 다른 유튜버, 잘나가는 전문가들을 보면서 제 표정이 좋지 않았나 봅니다. 아이가 제게 말했어요.

"엄마, 속상해? 사람마다 잘하는 게 있어. 엄마도 못하는 거 아니야. 잘하고 있어."

이 말이 어찌나 마음을 녹이던지요. 비교는 어울려 사는 이상 평생 뒤따라오는 감정입니다. 다만 비교와 질투의 감정을 건강하게 발전적으로 승화하고 자신을 위로하는 힘을 만들어가도록 고민하고 배워가는 것이죠.

마음의 회로는 익숙한 길로 가기 마련입니다. 더 긍정적인 다른 길을 학부모 문해력이 만들어줄 수 있습니다.

실전 연습   비교를 멈추고 성장으로 이끄는 대화법

- 친구는 그 친구의 속도로 가는 거고, 너는 너만의 속도로 가는 거야. 마라톤도 누군가는 빨리, 누군가는 천천히 달리지만 결국엔 모두 자기 결승선을 향해 가는 거랑 같아.
- 어제의 너와 오늘의 너를 비교해보자. 어제보다 조금이라도 나아진 게 있다면 그게 바로 네 성장이고, 그게 제일 중요한 거야.
- 오늘은 단 한 문제, 단 한 페이지, 단 한 번의 시도만 성공해도 괜찮아. 작은 성공이 쌓이면 어느새 큰 실력이 돼 있어.
- 그렇게 느낄 때 참 속상하지. 친구와 비교하는 대신 네 안에서 조금씩 커지고 있는 힘을 봐줘. 네가 느끼지 못해도 엄마는 네가 어제보다 오늘 더 자라 있다는 걸 알아. 너는 충분히 잘하고 있고, 네 속도대로 가는 게 가장 멋진 길이야.
- 꽃도 봄에 피는 게 있고 여름에 피는 게 있잖아. 늦게 핀다고 못 피는 게 아니야. 네 시간에 맞게 충분히 멋지게 피어날 거야.
- 지금은 '나는 못한다'라는 결론보다, '어디에서 막혔을까?'라는 질문을 하는 게 더 좋아. 틀린 부분을 알면 다음에 더 잘할 기회가 돼.
- 시험은 네 실력을 단정 짓는 잣대가 아니라, 네가 어떤 부분을 더 배우면 좋을지 알려주는 길잡이야.
- 시험은 단순히 잘했냐 못했냐를 평가하는 게 아니야. 너에게 '이 부분을 더 공부해봐' 하고 알려주는 지도 같은 거야.

'배움'이라는 것은 쉽지 않습니다. 어려움의 고비를 넘고 넘어, 거우 알 듯하면 또 새로운 고비가 나타나는 것이 '인생'이고 그게 곧 '배움'이라는 생각이 듭니다. 공부가 재미있었던 학생들도 학년이 올라가며 학업 수준이 향상되고 양이 많아지면서 그 과정을 견디지 못하면 한 명씩, 한 명씩, 떨어져 나갑니다.

많은 부모가 우리 아이가 공부를 잘하지는 못해도 포기하지 않고 최선을 다했으면 좋겠다는 마음을 가집니다. 아이에게 어떤 말을 해줘야 할까요? 공부를 하며 느끼는 실패감과 좌절감을 극복하기 위해 이 두 가지 말은 꼭 해주세요.

"잊는 건 실패가 아니라, 당연한 거야", 에빙하우스의 망각곡선

공부를 했는데 언제 공부했나 싶게 머릿속에서 지워질 때, 허망합니다. 이럴 거면 왜 공부했나 싶죠. 그런데 에빙하우스의 망각곡선 그래프를 보면 덜 억울할 거예요. 누구나 그렇다는 것을 알게 되고, 반복하면 그래도 나아진다는 것을 알게 되니까요.

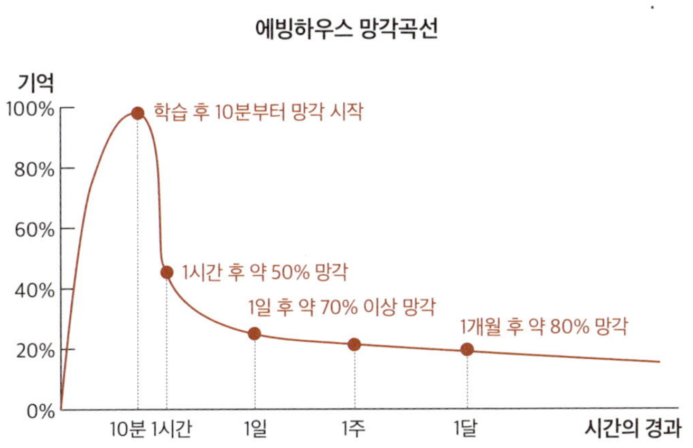

"에빙하우스라는 사람이 사람의 기억을 연구했대. 이 그래프를 봐. 가로축은 시간, 세로축은 기억하고 있는 정도야. 처음 공부했을 때는 기억이 100이지? 그럼 그래프가 맨 위에서 시작해. 그런데 시간이 지나면 어떻게 될까? 하루가 지나면 기억이 절반 정도로 뚝 떨어져. 그래프가 가파르게 아래로 내려가는 거야. 그리고 일주일쯤 지나면 20~30밖에 안 남아.

분명히 공부했는데 기억이 잘 안 나는 이유가 바로 이거야. 뇌는 새로운 정보를 저장할 때 '이건 한 번 보고 안 나오네? 그럼 별로 중요하지 않겠네?' 하고 금방 지워버려. 그런데 만 하루가 지난 후에 그 내용을 다시 한번 보면, 그래프가 다시 위로 올라가. 기억이 다시 100에 가까워져.

그리고 이번엔 신기한 일이 일어나. 다시 떨어지긴 하지만, 처음보다 훨씬 천천히 떨어져. 즉, 그래프가 완만한 곡선을 그리며 내려가는 거야. 그래서 복습할 때마다 기억이 점점 단단해지는 거야."

**"성장은 직선이 아니라 계단이야",
계단형 성장의 원리**

아이 입장에서는 게임을 하면 캐릭터도 실력도 확확 달라지는데, 공부는 성과가 빠르게 나오지 않고 지루하니 얼마나 하기 싫겠어요. 그런데 성장은 직선이 아니라 계단이라는 걸 알려주세요.

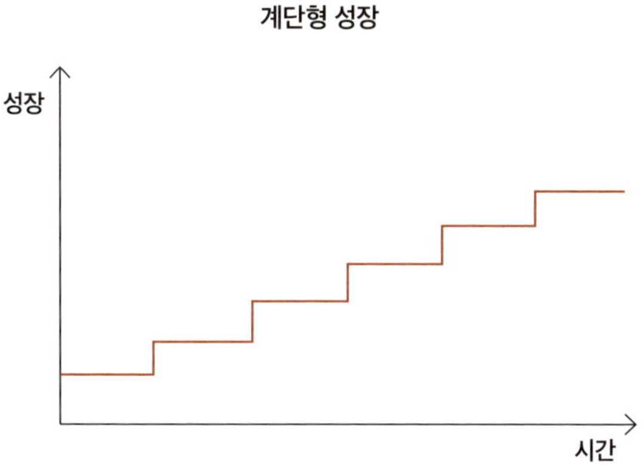

"매일 공부하는데 점수는 그대로인 것 같고, 아무리 해도 안 느는 것 같지. 내가 공부에 소질이 없나 하는 생각이 들 때가 있을 거야. 그런데 원래 성적은 일직선으로 쭉 올라가는 게 아니라, 계단처럼 오르는 거야.

공부를 시작하면 처음엔 위로 올라가는 게 아니라 조금 평평하게 이어지는 구간이 있어. 기억이 완전히 쌓이기 전에는 눈에 띄는 변화가 없어 보여. 그런데 그 시기를 꾸준히 버티면, 어느 날 점수가 확 오르는 순간이 와. 그게 바로 계단을 한 칸 올라간 순간이야.

뇌는 새로운 걸 배울 때 한 번 듣고 바로 이해하는 게 아니야. 여러 조각을 모아 연결해서 이해하지. 그 연결이 완성될 때까지는 겉으로는 변화가 없어 보여도 속에서는 계속 성장 중이야. 멈춰 있는 게 아니라, 다음 칸으로 올라갈 준비를 하는 중인 거야.

이 과정을 '계단형 성장'이라고 해. 그래서 꾸준히 공부하는 사람은 당장은 눈에 띄지 않아도 조금씩 쌓이다가 어느 순간 실력이 쑥 오르는 거야."

실전 연습   자신감 회복을 돕는 대화법

- 잊는 건 뇌의 자연스러운 기능이야. 반복할수록 기억이 단단해져.
- 공부했는데 까먹은 건 '실패'가 아니라 '뇌가 정리 중'이라는 뜻이야.
- 기억은 한 번에 되는 게 아니야. 복습할 때마다 계단 하나씩 올라가고 있는 거야. 지금은 변화가 없어 보여도 다음 계단으로 올라가기 위한 준비를 하고 있는 거야.
- 지금은 멈춘 게 아니라 '다음 단계로 넘어갈 힘'을 모으는 중이야. 꾸준히 하면 어느 순간 실력이 늘어. 그게 진짜 성장의 순간이야.
- 네가 안 되는 게 아니라, 아직 덜 된 거야. 결과는 잠깐 멈춰도, 네 노력은 계속 쌓이고 있어.
- 잘하고 싶다는 마음이 있다는 건 이미 절반은 성공한 거야.

2장 친구 관계 정서 문해력

친구 관계는 아이의 사회적 삶을 이루는 첫 번째 무대입니다. 이 관계 속에서 아이가 겪는 미세한 균열과 숨은 신호를 알아내는 힘이 친구 관계 정서 문해력입니다. 아이가 겪는 관계의 갈등을 '문제 행동'이 아니라 '감정의 언어'로 바라봐야 합니다. 그 감정의 언어를 이해하고, 아이가 다시 관계 속으로 걸어 들어갈 용기를 잃지 않도록 곁에서 읽어주세요.

친구를 사귀고 싶은데 어떻게 말을 걸어야 할지 모를 때

"새 학년만 되면 또 무리에 끼지 못해 혼자 어슬렁거리고 있을 아이를 생각하면 마음이 아픕니다. 놀이터에 나가서 봐도 친구들에게 다가가 말을 걸지 못하고 어정쩡하게 서 있어요. 스스로 깨닫게 그대로 둬야 할지, 알려줘야 할지 고민이에요."

혼자여도 상관없다는 사람들이 있지만, 기본적으로 인간이면 '연결되고 싶은 욕구'는 기본적으로 존재합니다. 다만 그 정도가 강하냐, 약하냐의 문제죠. 특히나 또래 아이들이 모여 있는 교실에서 혼자 지낸다는 것은 쉽지 않습니다.

어떤 아이는 친구와 사귀고 싶고 놀고 싶은 마음을 놀리거나 괴

룹히는 방식으로 표현하기도 해요. 혹은 친구들이 노는 모습을 바라만 보다가 지레 포기하고 혼자 책 읽는 게 편한 아이로 변하기도 하죠.

저도 엄마로서 저희 아이가 친구들과 별문제 없이 잘 지내기만 해도 좋겠다는 생각을 갖고 있어요. 공부는 부모로서 도와줄 수 있는 게 더 많지만, 친구 문제는 그게 아니죠. 아이가 노력한다고 되는 것도 아니고, 부모가 개입해서 도와줄 수 없는 부분이 더 많아요. 그래서 아이 친구 문제에 있어 고민이 많고 불안해집니다.

부모로서 할 수 있는 것 중 하나는 아이의 마음에 공감해주고 방법을 알려주는 것입니다. 이럴 때 어떻게 해야 할지, 어떤 관점으로 바라보아야 할지 알려주면 위로와 도움이 될 수 있어요.

물론 바로 되지는 않아요. 부모의 말 한마디로 바뀔 것이었으면 고민할 것도 없죠. 타고난 기질도 변하기 쉽지 않아요. 하지만 부모의 말이 아이의 머릿속에 저장되고, 나중에 필요할 때 찾아 쓸 수 있을 거예요.

위축된 마음을 다독이고 방법을 알려주세요

아이가 마음속으로는 '저 친구랑 친해지고 싶다'는 바람이 있지만, 막상 어떤 말로 시작해야 할지 몰라 머뭇거릴 때가 있죠. 용기가 나지 않아 기회를 놓치기도 하고요. 괜히 어색할까 봐 스스로 주저앉기도 합니다. 이런 자신의 마음을 솔직하게 털어놓는 아이도 있지만, 자존심이 상해 "저는 혼자가 좋아요"라고 말하는 아이도 있어요.

그런 느낌이 비정상이 아니라는 사실, 누구나 느낄 수 있는 감정이라는 사실을 아는 것만으로도 큰 위로가 됩니다.

"나도 새 학년만 되면 긴장되고 힘들었어. 어떻게 친구에게 말을 걸어야 할지 몰라서 어색하게 지내다가 다른 친구들끼리 다 친해져버려서 혼자 외롭게 지낼 때도 있었어."

이렇게 말해주는 것이죠.

그리고 친구 관계의 문은 거창한 말이나 특별한 행동이 아니라, 짧은 인사 한마디에서 열릴 수 있다는 것을 알려주세요.

"처음엔 인사만 해도 충분해. '안녕', '같이 가자' 같은 간단한 말이 시작이야. 그 친구도 어색해하고 용기를 못 내고 있는 것일 수 있어."

이렇게 심리적 장벽을 낮춰주는 말을 해주세요.

"혹시 친구들도 네가 먼저 불러주길 기다리고 있을지도 몰라. 네가 먼저 다가가는 것도 멋진 방법이야."

아이는 '친구가 나를 안 찾는다 = 나는 외톨이다'로 단정 짓기 쉽습니다. 하지만 상대가 바빠서 그럴 수도 있고, 어쩌다 보니 잘 맞는 친구를 못 만났을 뿐이라는 맥락을 짚어주세요. 그러면 위축되었던 마음이 다시 도전해보자는 마음으로 옮겨갈 수 있습니다.

그리고 친구 관계를 수동적으로 기다리기보다, 능동적으로 시도하는 방법도 안내해주세요. 물론 나서서 놀이를 주도하고 친구를 모으는 성격이 아니라면 힘들어요. 그럴 때는 단순히 놀이터에 자주 나가는 것만으로도 도움이 됩니다. 결국은 자꾸 해봐야 해요. 친구 관계도 실전이죠.

다만 너무 어려워하는 아이들에게는 알려주는 것도 좋습니다. 친구들 주변을 돌아다니다가 "나도 같이 해도 될까?"라고 물어볼 수 있겠죠. 반대로 어울리지 못하는 친구가 있다면 그 친구에게 먼저 다가가볼 수도 있어요.

집에서 역할놀이를 해보세요. 부모가 친구 역할을 하고, 아이가 "같이 하자"처럼 간단한 말을 건네는 연습을 해도 좋아요. 배웠다고 해도 금방 용기가 나지 않아요. 그럼 아이는 스스로 못난 사람이 된 것 같은 좌절감이나 실패감을 느끼기도 해요.

"괜찮아. 마음이 편해질 때 시도해봐. 학교생활을 잘하고 있으면 또 기회가 생길 거야. 새로운 사람에게 말을 잘 거는 사람도 있고, 시간이 더 필요한 사람도 있는 거야."

그것은 문제도 아니고, 못난 것도 아니며, 사람마다 다르다는 것을 알려주세요.

아이가 "친구한테 같이 놀자고 못 하겠어", "나랑 놀 친구가 없어"라고 말할 때 이렇게 말해보세요. 아이의 마음을 안전하게 열어주는 언어가 됩니다.

1) 공감으로 마음 열기

- 그럴 수 있지. 새 학기에는 누구나 좀 어색해.
- 친구가 먼저 말 안 걸면 나도 좀 불편하더라. 그 마음, 엄마(아빠)도 알아.

2) 부담을 덜어주는 시선 주기

- 친구를 많이 사귀지 않아도 괜찮아. 사람마다 다른 거야.
- 지금은 인사만 해도 돼. '안녕!' 한마디가 시작이야.

3) 시도 자체를 인정하기

- 오늘 인사했구나. 용기 냈네. 그게 진짜 멋진 일이야.
- 결과보다 시도한 네가 대단해. 다음에도 그렇게만 해보자.

4) 마음의 회복력 키우기

- 오늘은 어색했지만 내일은 다를 수도 있어.
- 지금은 연습 중인 거야. 관계에도 연습이 필요하니까.
- 네가 부족한 게 아니라 아직 어색한 거야.

같이 놀고 싶은데 끼워주지 않을 때

"'엄마, 친구들이 노는데 나만 안 끼워줘'라고 말하거나,

놀이터에 나갔는데 우리 아이만 놀이에 끼지 못해서 속상해하는 모습을 보면

마음이 너무 아파요.

제가 할 수 있는 일도 없고, 그런데 아이는 계속 친구들과 놀고 싶어 하고,

차라리 놀이터에 나가지 않았으면 좋겠어요. 어떻게 하죠?"

아이는 친구들이 노는 모습을 보면 당연히 함께하고 싶어합니다. 그런데 친구들이 "싫어", "지금은 안 돼" 하며 거절할 때, 상처를 받습니다. '나를 싫어하나?', '나는 왕따인가?' 같은 불안이 생기기도 하고, 그 경험 때문에 점점 더 다가가지 못하게 되기도 합니다.

친구들이 이미 놀이를 시작했다거나, 놀이를 하는 사람 수가 안

맞는다거나, 특별히 다른 친구를 배제하려고 하는 아이가 그 놀이를 주도하고 있다거나, 다양한 이유가 있을 수 있어요.

"끼워주지 않아서 속상했구나. 네 마음을 이해해. 하지만 그게 네가 싫어서가 아닐 수도 있어. 가끔은 친구들이 이미 게임을 시작해서 그럴 수도 있고, 다른 이유가 있을 수도 있어."

아이의 가장 큰 두려움은 '배제당했다'는 감각입니다. 부모가 먼저 그 감정을 인정해주는 것이 중요합니다. 동시에 거절을 '나를 싫어해서'로 단정 짓지 않도록 다양한 해석을 제시해주어야 합니다. 또 아이가 다른 친구나 다른 놀이 방법을 찾아볼 수 있도록 "다른 친구에게도 같이 놀자고 해볼까?", "혼자도 재밌게 할 수 있는 놀이를 찾을까?"와 같은 선택지를 넓혀주는 질문을 해보세요.

물론 상처를 받으면서도 또 어울려 놀고 싶어 하는 아이를 보면 '차라리 그냥 같이 놀지 말지' 하는 속상한 마음이 들어요. 끼워주지 않는 아이 친구들이 밉기도 하고요. 그런데 어쩌겠어요. 우리 아이를 그 놀이에 제발 좀 끼워주라고 부탁할 수도 없는 일인 걸요. 억지로 끼어 봤자 결국 소외되는 결말로 끝나는 일이 많아요.

끼워주지 않으려는 친구들 옆에서 무리하게 있을 필요도 없다고 알려주세요. 엄마랑 같이 맛있는 거 먹으러 가자고 말이에요. 관계는 억지로 붙잡는 게 아니라, 시간이 풀어주기도 하고 자연스럽게 멀어지기도 하는 법이니까요. 다음번에 내 아이가 다른 친구와 재미있게 놀고 있으면, 지난번에 내 아이를 끼워주지 않으려고 했던 그 친구가 와서 끼고 싶어 하기도 합니다.

관계에는 상처가 공존합니다

아이들의 관계는 어떨 때 보면 잔인하지만 어떨 때 보면 아이들다워요. 나 같으면 지난번에 상처 준 그 친구를 칼같이 거절할 것 같은데 또 어울려 놀고 있는 모습을 발견합니다. 그러면 매번 우리 아이만 당하는 것 같아 억울한 생각도 들고요.

그러면서 다음 놀이에서는 끼워주기도 하고, 친해지기도 하고 그래요. 물론 계속 당하다가 거리를 두는 선택을 내리기도 하죠. 특정 무리에서 배제감을 반복적으로 느낀다면, 다른 활동(체육, 독서 모임, 미술 등)을 통해 '또 다른 친구 그룹'을 경험하게 해줄 수도 있어요.

관계는 상처의 연속이에요. 상처를 받지 않으려면 혼자 지내야 합니다. 친구들과 함께한다는 것은 상처를 감수하겠다는 마음인 거예요. 우리 아이가 친구와 잘 지냈으면 하는 마음은 아이가 친구 관계에서 상처를 받을 수 있음을 인정하겠다는 마음인 것입니다. '달콤함'만 있는 관계는 없더라고요. 어제까지 둘도 없는 친구였다가 오늘은 절교하는 사이인 게 '관계'입니다.

친구 관계에서 상처받으면 상처받은 영혼이 머무를 가정과 부모가 필요해요. 그렇게 다시 힘을 채워서, 상처받을 수 있음을 알지만 또 용기 내어 친구와 놀러 나가는 거죠. 그렇게 아이는 성장해갑니다.

 상처받은 아이, 마음 다독이는 대화법

1) 마음을 먼저 감싸주는 말

- 그 말 들었을 때 정말 속상했겠다.
- 네가 얼마나 놀고 싶었는지 엄마는 알아.
- 그 순간 마음이 꽁꽁 얼었겠다. 지금은 괜찮아?

2) 시야를 넓혀주는 말

- 친구들이 이미 게임을 시작했을 수도 있고, 그냥 타이밍이 안 맞았을 수도 있어.
- 그 친구가 나쁜 건 아닐 수도 있어. 오늘은 그런 상황이었을지도 몰라.
- 세상엔 정말 다양한 관계가 있단다. 어떤 관계는 오래가고, 어떤 관계는 잠깐 스쳐가.

3) 다음 선택을 열어주는 말

- 다음에 다른 친구한테 먼저 '같이 하자'고 해보면 어떨까?
- 새로운 놀이를 만들 수도 있어. 가끔은 다른 친구랑 먼저 재미있는 놀이를 시작하면, 그 걸 본 아이들이 '나도 같이 하고 싶다'며 다가오기도 해.
- 당장 같이 놀 친구가 없다면, 오늘은 잠깐 쉬어가도 괜찮아. 혼자 책을 보거나 그림을 그 리는 것도 좋은 시간이지.
- 다음에는 네가 먼저 다른 친구 한 명에게 '같이 놀자' 하고 이야기해보는 건 어때?
- 오늘은 엄마랑 재밌는 일 하자. 기분이 조금 나아지면 또 시도해보자.
- 혼자 놀기도 괜찮아. 하지만 네가 원할 때는 다시 다가가면 돼.

장난으로 친구들이
놀리는데
기분이 안 좋을 때

"'친구들이 나만 놀려. 자기들끼리 웃는데, 놀리지 말라고 해도 계속 놀려'라고
아이가 말하더라고요. 놀리지 말라고 말하라고 했더니, 말해도 계속 놀린대요.
선생님께 일러도 봤는데 그때뿐이고 또 놀린대요. 어떻게 하면 좋죠?
학교폭력으로 신고하자니, 장난처럼 놀리는 일이라 애매한 것 같고요."

저도 학창 시절 친구들이 별명을 만들어 놀리곤 했는데요. 지금
생각하면 웃긴데 그 당시에는 왜 그렇게 기분이 나빴는지 모르겠어
요. 별명을 만들어 놀리는 일이 별일 아닌 것처럼 보이지만 아이들
에게는 꽤 큰 스트레스로 다가옵니다.

사람마다 민감도가 다르지만 유독 친구들이 더 자주 놀리는 아이

도 있잖아요. 친구들이 장난처럼 던진 농담은 대체로 분위기를 재미있게 만들지만, 정작 그 농담의 대상이 된 아이는 상처와 불편함을 느낄 수 있습니다.

거기다가 다른 친구들이 다 웃는 상황에서 자신만 웃을 수 없다면, 아이는 '나만 예민한 걸까?'라는 혼란과 외로움을 동시에 경험합니다. 이런 경험이 반복되면 자기 감정을 억누르거나, 반대로 과하게 분노로 표출하게 될 수 있습니다.

부모가 '네 감정은 정당하다'는 메시지를 주면, 아이는 자기 마음을 인정하고 지킬 힘을 얻습니다.

"그 별명 들었을 때 속상했구나. 장난이라 해도 네 마음이 불편하면 그건 분명히 문제야. 네가 느낀 기분은 충분히 이해돼. 친구가 재미있게 부른다고 하지만, 정작 본인이 싫으면 그건 웃긴 게 아니라 괴로운 거니까. 억지로 웃을 필요는 없어."

중요한 건 '남들이 웃는다'와 '내가 불편하다'는 것이 동시에 성립할 수 있다는 점을 알려주는 것입니다. '웃기지 않은 농담에는 억지로 웃을 필요가 없다'고 말해주세요. 그리고 친구에게 할 수 있는 표현을 함께 연습해보세요.

"그럴 땐 그냥 속으로 참지 말고, 짧고 분명하게 말하는 게 좋아. '그 별명은 나 싫어, 내 이름으로 불러줘'라고. 친구가 처음에는 장난처럼 넘길 수도 있어. 그래도 네가 싫다는 걸 분명히 알려주는 게 중요해. 혹시 계속 그런다면, 선생님께 도움을 요청하는 것도 괜찮아. 그리고 또 한 가지 방법은, 네가 좋아하는 별명을 하나 정해서 알려주는 거야. '이 별명으로 불러줘' 하고 말이야."

친구들의 놀림에 대응하는 법

하지만 이런 말 한마디에 놀리는 것을 바로 멈추는 친구들은 별로 없어요. 그렇다고 학교폭력 신고를 하기에는 애매해서 고민이 됩니다. 이때 아이에게 이런 방법들을 알려줄 수 있습니다.

1) 무시하기: "그런 말을 들을 때마다 너무 불편하면, 그 자리를 잠깐 벗어나도 괜찮아. 그냥 조용히 다른 데로 가거나, 네가 편한 곳으로 가도 돼.", "아무 말 하지 말고 한번 째려봐줘."

2) 도움 청하기: "그 친구가 계속 그러면 선생님께 말하는 것도 용기야. 이건 약한 게 아니라, 네 마음을 지키는 행동이야."

3) 선 긋기: "그 말은 난 별로 안 웃겨.", "그 얘기 들으니까 기분 안 좋아.", "네가 그런 말 들으면 기분 좋겠어?", "재미없어.", "하지 말라고!"

대응하는 방법만 너무 강조하다 보면 아이가 '내가 친구들에게 강하게 말을 못 해서 그런가?' 하고 자기 탓을 하면서 자존감이 떨어질 수도 있어요. 그러므로 아이의 기질을 그 자체로 인정하는 말도 꼭 해주세요.

"놀리는 건 놀리는 친구 잘못이지, 네가 강하게 말하지 못한 게 문제는 아니야. 사람마다 성격이 다르고 강점이 다르니까. 하지만 이런 방법들을 기억했다가 네가 용기를 낼 수 있을 때 해보면 좋겠어."

또 혹시 따돌림인지, 서로 놀리는 상황인지 확실히 알아보기 위해 담임 교사와 상담하고 도움을 요청할 수 있습니다. 그래도 놀림이 너무 지속되고, 아이가 많이 힘들어하면 학교폭력위원회를 열 수도 있습니다.

아이들의 세계에서는 놀리다가 무던해지다가 일렀다가 잊었다가 다시 놀렸다가 다음 학년이 되어가는 식으로 관계가 이어지기도 해요. 우리가 바라는 건 아이가 상처 없는 하루를 보내는 게 아니라, 상처받더라도 무너지지 않고 다시 일어나는 힘을 갖는 것입니다.

그래서 부모는 아이에게 '나를 잃지 않고 버티는 법'을 가르쳐줘야 합니다. 불완전하고 예측 불가능한 관계 속에서도 자신을 존중할 줄 아는 아이로 자라게 하는 것, 그게 부모가 할 수 있는 가장 현실적이고 깊은 사랑입니다.

 놀림당하는 아이, 대응하는 대화법

1) 감정을 인정해주세요

- 그 말 들었을 때 많이 속상했겠구나.

- 다른 애들은 웃었어도, 네가 불편했다면 그건 분명히 놀림이야.

- 그럴 땐 억지로 웃지 않아도 돼. 네 감정이 틀린 게 아니야.

- 오늘은 속상했지만, 이야기해줘서 고마워. 혼자 참지 않아서 다행이야.

- 그건 네가 못해서가 아니야. 잘못한 건 놀린 쪽이야.

2) 대처 방법을 함께 연습하세요

- 다음에 또 비슷한 일이 생기면, 어떻게 하고 싶은지 엄마랑 같이 연습해보자.

- 그만해. 그건 별로야. 하지 마.(짧고 단호하게, 목소리를 낮추고 눈은 피하지 않기)

- 기분 나쁘면 '그만해'라고 말하고 자리를 피해도 돼. 계속 상대해줄 필요는 없어.

- 너무 심하면 선생님께 말하는 것도 용기야. 그건 약한 게 아니야.

- 싸움은 꼭 크게 하는 게 아니야. 말 안 섞는 것도 네가 선을 지키는 방법이야.

- 네가 흔들리면 그게 그 애한테 재미가 돼. 그래서 안 흔들리는 게 이기는 거야.

3) 세상에 대한 현실을 알려주세요

- 모든 사람이 다 착하진 않아. 그래서 네 선이 필요해.

- 어른이 돼도 그런 사람 많아. 그러니까 지금 연습하는 거야. 네가 불편하다는 것을 표현
  하고 거리를 두기도 하는 법을 말이야.

자기 마음대로 하는
친구에게
휘둘릴 때

"아이가 함께 노는 친구가 자기 마음대로만 하려고 해서 아이가 속상해해요.

그러면서도 또 그 친구와 놀고 있는 모습을 보면 그 친구와 놀지 말라고 해야 하나

고민이에요. 부모가 친구와 놀지 말라고 하는 건 좀 아닌가 싶기도 하고요.

어떤 말을 해줘야 할까요?"

어떤 친구는 늘 자기가 하고 싶은 놀이, 자기가 정한 규칙만 고집합니다. "넌 빠져", "너는 술래해" 하며 자기 마음대로 정하죠. 그럴 때 아이는 억울하고 답답합니다.

교실에서나 놀이터에서나 리더가 있고 팔로워가 있어요. 공정한 리더면 좋은데, 자기 마음대로 하며 분위기를 이끄는 아이들이 꼭

있어요. 우리 아이가 속상하고 억울한 상황이 반복될 때, 어떤 말을 해줘야 하나 싶죠.

이럴 때는 아이의 감정이 틀리지 않다는 확신을 주는 게 첫걸음입니다.

"친구가 자꾸 자기만 원하는 걸 하자고 해서 답답했구나. 네 생각도 똑같이 소중해. 가끔은 친구 뜻을 따라줄 수도 있지만, 매번 친구의 말을 들어줘야 한다면 그건 친구 관계라고 할 수 없어."

그다음에는 연습이 필요합니다.

"이번엔 내가 하고 싶은 걸 하고 싶어. 네가 하고 싶은 건 다음에 해."

이렇게 자기 의견을 표현하는 연습을 집에서 해보세요. 보드게임을 할 때 "이번엔 네가 정해, 다음엔 내가 정할게"라고 번갈아 정하며 협력하는 경험을 쌓는 것도 좋습니다. 아이가 자기 의견을 냈다면 표현한 행동 자체를 칭찬하세요.

관계의 주도권을 쥐도록 도와주세요

사실 정말 '센' 친구 앞에서는 이런 연습해도 갑자기 자기 의견을 내기가 어렵습니다. 그건 어른도 마찬가지죠. 하지만 아이는 그런 경험을 통해 배웁니다. '모든 관계가 유지될 필요는 없다'는 걸요.

"그 친구랑은 놀지 마" 하고 답을 주기보다, "그 친구는 너를 존중하는 것 같니?"라고 물어보세요. 그렇게 스스로 느끼고 판단해야, 아이는 다른 관계에서도 자신을 지킬 기준을 세울 수 있습니다. 결국은 아이가 판단해야 하니까요.

나보다 세고 자기 마음대로만 하는 친구에게 내 의견을 표현할 용기, 그리고 나를 존중하는 관계를 선택할 용기를 배워나가야 합니다. 친구에게 다가가는 것만이 적극적인 관계 선택이 아니에요. 친구와 멀어지는 것도 내가 선택하는 것입니다. '관계의 주도권은 나에게도 있다'는 것을 가르쳐주세요.

실전 연습 휘둘리는 아이, 자기 의견 지키는 대화법

1) 감정을 먼저 받아주세요
- 친구가 자기 말만 듣게 하니까 답답했구나.
- 네 생각도 똑같이 소중해. 항상 친구 뜻만 따를 필요는 없어.
- 그럴 땐 속상할 수 있어. 그런 감정이 생기는 게 자연스러워.

2) 균형 잡힌 관계를 가르쳐주세요
- 가끔은 친구 의견을 따라줄 수도 있지만, 네 의견도 말할 수 있으면 말해봐.
- 친구가 매번 자기 뜻대로만 하려 한다면, 그건 대장과 부하의 관계야. 친구 관계는 서로 밀고 당기면서 맞춰가는 거야.

3) 현실적으로 알려주세요
- 세상엔 자기중심적인 친구도 있어. 그래도 그 친구한테 맞추기만 하면 네가 힘들어져.
- 그 친구가 네 생각을 존중해주면 같이 놀면 좋고, 계속 네 마음을 무시한다면 잠깐 거리를 두는 것도 괜찮아. 꼭 한 친구와 계속 놀아야 하는 건 아니야.

친구의 말 때문에 속상해할 때

"친구가 놀려서 하지 말라고 했더니 '어쩌라고!'라고 했다네요. 친구에게 무슨 말만 하면 '어쩌라고!'라고 대응해서 할 말이 없고 짜증 난다고 해요. 제가 어떻게 대응하라고 알려줘야 할지 모르겠어요. 그 친구랑 놀지 말라고 해야 하는지, 너도 똑같이 말하라고 해야 하는지 모르겠어요."

요즘 교실에서 아이들이 자주 하는 말이고, 다른 친구가 할 말이 없게 만드는 말이 있습니다. 바로 "어쩌라고!"라는 말이에요. 내 의견을 표현했을 때, 친구가 그걸 듣고 "어쩌라고!"라고 하면 할 말이 없는 거예요. 아무 말도 할 수 없는, 일방적으로 막힌 느낌이 드는 이 말은 상대를 무력하게 만들죠. 그런데 사실 이런 말은 공격이라기보다 미숙한 방어일 때가 많습니다.

아이에게 이렇게 말해주세요.

"그 말 듣고 속상했겠다. 근데 '어쩌라고'는 사실 부끄러움의 말일 때가 많아. 자기가 잘못한 걸 알아도 그걸 인정하기 어려워서 툭 내뱉는 말이거든."

"그 친구는 네 말이 틀려서가 아니라, 지적받으니까 순간 기분이 나빴던 거야."

"네가 틀린 말을 한 게 아니야. 다만 친구가 그걸 받아들일 준비가 안 돼 있었던 거야."

이렇게 '상대의 말 뒤에 숨은 감정'을 해석해주는 일이 중요합니다. 아이는 공격적인 말 한마디에 무너지는 대신, '그건 그 친구의 감정 미숙 때문이야'라고 이해할 수 있게 되죠.

아이와 함께 방법을 생각해보세요

"어쩌라고!"라는 말을 들으면 억울하고 답답합니다. 잘못한 건 친구인데, 내가 할 말이 없게 되니까요. 그럴 때는 어떻게 하라고 하면 좋을까요? 어떤 방법이 좋을지 아이와 함께 이야기를 나눠보는 것도 좋아요. 일방적으로 가르쳐주는 것보다 아이가 할 수 있는 방법을 생각해낼 수 있어요.

"그럴 땐 네가 더 말하려 하지 말고, 그냥 돌아서도 괜찮아."

"너는 옳은 말을 했어. 하지만 모든 사람이 그걸 바로 받아들이진 못해."

"'그건 네 생각이지'라고 짧게 말하고 자리를 벗어나도 좋아."

"'어쩌라고'는 사실 '지금은 듣기 싫어'라는 뜻이야. 시간이 지나면 그 친구도 생각해볼 거야."

"'그 말은 좀 기분이 나빠', '그렇게 말하면 싫어'처럼 짧고 단호하게 말해도 돼."

때로는 맞는 말을 해도 상대가 들을 준비가 되어 있지 않으면 그 말은 닿지 않습니다. 그걸 깨닫는 것도 성장의 한 부분이에요.

핵심 코칭 · 감정이 부딪힐 때 체크리스트

- [ ] 아이의 억울함을 먼저 공감해주기
- [ ] "그 친구도 순간 부끄러웠을 거야"처럼 상대의 감정 이해를 돕기
- [ ] 말대꾸 대신 '멈춤 반응' 알려주기
  "그래.", "그건 네 생각이야.", "너는 그 말밖에 모르니?"
- [ ] 맞는 말이라도 모든 사람이 바로 듣지 않는다는 사실 알려주기
- [ ] 싸움 대신 '내 마음을 잃지 않는 법'을 배우는 게 진짜 성장임을 강조하기

친하다고 생각한 친구와 멀어져서 서운해할 때

"아이가 자신이 좋아하고 친하다고 생각한 친구가 다른 친구와 친하게 지내고, 자기랑 같이 놀지 않는다고 속상해해요. '너도 다른 친구랑 놀면 되지'라고 말해도 될까요? 뭐라고 말해주면 좋을까요?"

"○○이가 갑자기 저를 모른 척해요. 다른 친구랑만 놀아요."

속상한 얼굴로 찾아오는 아이들의 이야기를 자주 듣습니다. 특히 여자아이들에게서 이런 고민을 자주 듣는데요. 요즘은 남자아이들 사이에서도 이런 감정의 거리두기가 빈번하게 일어납니다. 이유는 다양합니다. 의도적으로 거리를 두는 친구도 있고, 그냥 우연히 새로운 친구와 가까워지면서 자연스럽게 멀어지는 경우도 있습니다.

하지만 아이 입장에서는 '왜 나를 멀리하지?' 하는 생각이 들면서 혼란스러워집니다. 서운함, 외로움 그리고 작은 질투가 섞여 있어요. "친구에게 직접 물어봤어?"라고 물으면 "물어봤는데 '내가 뭐?' 이러면서 그냥 가버렸어요"라고 대답하곤 합니다. 물론 종종 오해를 푸는 경우도 있지만요. 이럴 때 아이들은 더 혼란스러워집니다. 관계를 회복하려고 다가가면 오히려 더 멀어지는 것 같고, 아무 일 없는 척하려니 마음이 괴롭습니다.

내가 노력해서 되는 경우보다는 안 되는 경우가 많아서 속상해합니다. 이건 단순히 '친구가 나를 싫어한다'는 문제가 아니라, 인간관계의 미묘한 거리를 처음 배우는 과정입니다.

상실을 변화로 받아들이도록

우선 아이의 감정을 충분히 받아주는 것이 가장 중요합니다.

"친하다고 생각한 친구가 요즘 너보다 다른 친구랑 더 많이 노는 것 같아서 속상했구나. 그럴 수 있어. 너는 그 친구를 좋아했으니까 더 마음이 쓰였겠지."

이렇게 말해주는 것만으로도 아이의 마음은 절반쯤 안정됩니다. 갑자기 거리를 두는 친구에게 할 수 있는 일은 직접적으로 이유를 묻는 것이에요.

"요즘 나를 자꾸 피하는 것 같은데 나한테 불편한 거 있어? 나 때문에 속상한 거 있었니?"

이렇게요. 만약 그 이유를 친구가 말해주고 내가 고쳐야 할 게 있다면 노력해야겠죠. 하지만 이유를 물어도 소통이 안 되면 관계의 변화를 수용하고 새로운 관계를 시작하는 것입니다. 아이에게 관계의 자연스러운 변화에 대해 말해주세요.

'시절 인연'이라는 말이 아이에게도 통하잖아요. 3학년 때는 죽고 못 사는 관계였는데 4학년이 되어 언제 그랬냐는 듯 새로운 반 친구와 낄낄거리고 있어요. 당연한 겁니다.

"사람 마음은 계절이랑 비슷해. 봄에는 꽃이 피고, 여름엔 무성하고, 가을엔 잎이 떨어지고, 겨울이 되면 잠시 조용해지지. 친구 관계도 그래. 지금은 네가 서운할 수 있지만, 계절이 바뀌듯이 마음도 변해. 또 새로운 싹이 자라는 것처럼 새로운 친구들이 생긴단다."

이렇게 관계의 변화가 자연스러운 흐름이라는 걸 알려주세요. 친구가 멀어진 것이 내 탓이라는 자책감 대신, '관계에도 흐름이 있다'는 사실을 배우면 아이는 마음의 균형을 되찾습니다.

때로는 관계의 흐름을 붙잡으려 하기보다, 그저 한발 물러서서 '변화를 지켜보는 법'을 배우는 것도 성장의 한 부분입니다.

"사람 사이에는 가깝고 먼 시기가 늘 있어. 지금은 잠깐 거리가 생겼지만, 그게 영원히 끝난 건 아니야. 나중에 그 친구가 서운했던 이유를 말해줄 수도 있고, 특별히 그런 게 없었다면 자연스럽게 시간이 지나면 다시 가까워질 수도 있고, 혹은 다른 좋은 친구를 만나게 될 수도 있어. 중요한 건 네가 그동안 진심으로 친구를 아꼈다는 거야. 그건 절대 헛된 일이 아니야."

아이는 '상실'을 '끝'으로 여기지 않고, '변화'로 받아들일 수 있게 됩니다. 그것이 결국 정서적으로 단단해지는 첫걸음입니다.

실전 연습 친구와 멀어졌을 때, 서운함 극복 대화법

- 친하다고 생각한 친구가 멀어지면 정말 속상하지. 그건 그 친구를 아꼈다는 증거야.
- 그 친구가 네 마음을 모를 수도 있어. 네가 얼마나 서운했는지 말로 표현해보는 것도 괜찮아.
- 사람 마음은 계절처럼 바뀌는 거야. 지금은 겨울 같아도, 봄은 꼭 다시 와.
- 친구가 너를 싫어해서 그런 게 아니라, 지금은 다른 친구와 조금 더 가까워진 것뿐일 수도 있어.
- 너는 여전히 멋진 친구야. 한 친구가 잠시 멀어져도 너의 가치가 줄어드는 건 아니야.
- 지금은 잠깐 거리가 생겼을 뿐, 언제든 다시 가까워질 수도 있고, 새로운 인연이 생길 수도 있어.

사과와 용서를
어려워할 때

"친구가 잘못했는데 아이한테 사과를 안 해서 아이가 속상해해요."

"아이가 친구한테 사과를 했는데 친구가 사과를 받아주지 않는다고 해요."

"친구에게 사과를 해야 하는 상황에서 입을 꾹 다물고 있어요."

"친구가 사과를 했는데도 같이 사과를 안 해요."

이처럼 사과와 관련해 친구 사이에서 여러 갈등이 생길 수 있습니다. 사과를 받아야 하는 입장일 수도, 반대로 사과해야 하는 입장이 될 수도 있죠. 각각의 상황에서 부모로서 어떻게 말해줄 수 있을지 알아봅시다.

교실에서 친구들 사이의 갈등이나 다툼을 보면 일방적인 경우보다는 상호적인 경우가 많아요. 물론 먼저 시작한 학생, 잘못의 비율이 큰 아이가 있지만 손뼉도 마주쳐야 소리가 난다는 말이 맞습니다.

그래서 싸움이 나면 대부분은 서로 억울합니다. 마음속으로는 '나도 조금은 잘못했을지도 몰라' 하는 생각이 어렴풋이 들지만, 막상 인정하기는 싫죠. 대화를 하다 보면 상황이 조금 이해되기도 하고, 친구와 다투었으니 마음이 불편하기도 합니다.

하지만 막상 '내가 왜 먼저 사과해야 하지?'라는 생각이 들고, '먼저 사과하면 지는 느낌'이 들어서 쉽게 사과하지 못하고 서로 눈치를 봅니다. 그럴 때 저는 이렇게 말해줍니다.

"사과는 지는 게 아니라 용기 있는 거야. 친구를 마음으로 품을 수 있는 사람이 더 큰 사람이야."

이렇게 말하면, 아이는 사과를 단순히 '잘못을 인정하는 행동'이 아니라, '관계를 다시 시작하기 위한 주도적이고 용기 있는 행동'으로 받아들이게 됩니다.

**먼저 사과했는데
친구가 받아주지 않을 때**

아이가 용기 내서 먼저 사과했는데, 상대가 "됐어" 하며 돌아서는 경우도 있습니다. 그럴 때 가장 속상한 건, 용기를 냈는데도 결과가 달라지지 않을 때예요. 이때는 이렇게 말해주세요.

"사과의 가치는 상대의 반응이 아니라, 네 진심으로 정해져. 마음을 담아 사과했다면 그걸로 충분해."

사과는 진심으로 했다면 충분합니다. 계속 반복하면 오히려 상대가 부담스러울 수도 있어요. 친구가 바로 받아주지 않더라도 "넌 이미 해야 할 일을 다 한 거야. 이제는 친구의 마음이 준비될 때까지, 기다려주자"라고 말해주세요. 친구와 다시 아무렇지 않게 지낼 수도 있고, 친구가 살짝 마음이 풀린 것 같을 때 "그때 진심으로 미안했어"라고 말할 수도 있어요. 진심은 결국 전해진다는 걸 알려주세요.

친구가 사과했는데 마음이 풀리지 않을 때

이번에는 반대 상황이에요. 친구가 먼저 사과를 했는데, 아이 마음이 아직 불편해서 쉽게 받아주지 못하는 경우죠.

"사과를 받았다고 바로 괜찮아지는 건 아니야. 네가 아직 마음이 불편할 수 있어. 그건 자연스러운 일이야. 사과를 받았다고 해서 당한 일이 없던 일이 되는 건 아니잖아."

이건 어른들도 마찬가지죠. 이어서 이렇게 말해주세요.

"다만 그 친구가 다시 잘해보고 싶다는 신호를 보낸 거야. 지금은 마음을 열 준비가 안 됐어도 괜찮아. 시간이 필요하면 '조금만 시간을 갖고 싶어'라고 말해도 돼."

이렇게 말해주면, 아이는 감정을 억누르지 않고 정리할 수 있습니다. 화가 남아 있다고 해서 나쁜 게 아니고, 서로의 속도가 다를 수 있다는 걸 배우게 됩니다.

**친구가 잘못했는데
사과를 안 할 때**

가끔은 친구가 분명 잘못했는데 사과조차 하지 않는 경우도 있습니다. 그럴 땐 아이가 '불공평하다', '나만 억울하다'고 느끼죠. 먼저 아이의 감정을 충분히 들어주세요.

"그 친구가 잘못했는데 사과도 안 해서 속상했구나. 그럴 만해."

그다음에 이렇게 해석의 관점을 더해주세요.

"모든 사람이 자기 잘못을 인정할 용기를 가진 건 아니야. 어떤 사람은 아직 마음의 근육이 약해서, 미안하다는 말을 꺼내지 못하기도 해."

이렇게 말해주면, 아이는 친구의 행동이 '내 탓이 아니라 그 친구의 미숙함 때문'이라는 걸 깨닫게 됩니다. 자책하거나 지나치게 억울해하지 않게 되는 거죠.

"그 친구가 사과를 안 해도, 너는 네 마음을 솔직하게 말할 수 있어. '나는 그때 좀 속상했어'라고 말하는 것만으로도 충분해."

"그 말을 했는데도 친구가 아무 반응이 없으면, 거기까지만 해도 괜찮아. 넌 이미 할 일을 다 한 거야."

이건 '참아라'가 아니라, 감정을 정리하고 자기 마음의 주도권을 지키는 법을 배우는 일입니다.

🌱 실전 연습 사과와 용서를 가르치는 대화법

- 사과는 지는 게 아니라, 관계를 다시 시작하자는 신호야.
- 네가 먼저 사과했다는 건 정말 큰 용기야.
- 사과를 받았다고 해서 바로 괜찮아지는 건 아니야. 시간이 필요할 수도 있어.
- 상대가 바로 받아주지 않아도 괜찮아. 진심을 다해 사과했다면 너는 이미 해야 할 일을 다 한 거야.
- 사과를 안 하는 사람보다, 사과할 줄 아는 사람이 훨씬 강한 사람이야.
- 마음을 다 풀지 않아도 돼. 다만, 계속 화를 붙잡고 있으면 네 마음만 더 무거워질 거야.

이성 친구가
생겼을 때

"저희 애가 이성 친구가 생겼다고 해서 너무 당황스러워요. 무엇부터

가르쳐주어야 할지, 어떤 말을 해줘야 할지 고민이에요."

"선생님, ○○랑 ○○ 사귄대요!"

아이들이 부러움 반, 놀림 반의 감정을 담아 소리칩니다. 주인공
들은 부끄러워하며 왜 이야기하느냐는 원망스러운 눈빛일 때도 있
고, 자랑스러운 표정으로 앉아 있을 때도 있어요. 특히 고학년 친구
들은 조용하고 소심한 친구들도 "나는 모솔인데…" 하면서 부러워들

해요.

사귄다고 해서 특별한 걸 하는 건 없는 것 같아요. 다만 '너를 좋게 보고 있어' 하는 관심의 표현처럼 여겨집니다. 그리고 며칠 후에 "선생님, 쟤네들 깨졌어요" 하는 경우가 다반사예요. 그래도 걱정되는 건 사실이에요. 요즘은 너무 많은 콘텐츠가 아이들 손 닿을 곳에 난무하는 세상이니까요. 그래서 부모로서 어떤 말을 해줘야 할지 고민이 되죠.

이성 친구와 더 가깝게 지내고 싶을 때

누군가를 좋아한다고 부모에게 다 털어놓지 못하는 경우가 많을 거예요. 그래서 연예인이나 부모 자신의 연애 이야기를 털어놓다가 우연인 것처럼 이야기를 해도 좋아요. 이성 친구를 좋아하는 감정이 자연스러운 것이라는 것, 상대의 감정을 배려하며 다가가야 한다는 것 등을 가볍게 말해주세요.

"누군가를 좋아하는 마음은 아주 자연스러운 거야. 그건 네가 자라고 있다는 증거야."

이 말은 아이가 자신의 감정을 부정하지 않고 받아들이도록 돕습니다.

하지만 그 마음을 표현하는 방식이 중요합니다. 부모는 아이에게 과도하게 티를 내거나 특별해 보이려는 행동은 상대에게 부담을 줄 수 있다는 점을 알려주세요. 자연스럽게 인사하고, 편안한 태도로 대하는 것만으로도 충분합니다. 예를 들어, 웃으며 인사하는 작은 행동이 상대에게 따뜻함을 전할 수 있습니다. 관계는 시간이 쌓여야 단단해지므로, 아이가 편안한 만큼, 즐거운 만큼만 한 발씩 다가가는 것이 좋습니다.

또한, 좋아하는 친구에게 고백을 할 수도 있지만, 상대가 불편해한다면 내 마음을 조절할 줄 알아야 합니다. 내가 표현하는 방식이 상대에게 부담을 준다면 그것은 멈춰야 하는 신호입니다. 그 친구와 더 가까워지지 않아도 괜찮아요. 내 마음을 알아주고 함께 웃을 수 있는 친구는 또 나타나기 때문에, 아이가 자신의 감정을 받아줄 수 있는 사람에게 표현하는 것이 바람직합니다.

이성 친구 문제를 이야기하다 보면 피임 교육을 해야 하는지까지 고민이 깊어질 수 있습니다. 아이와 대화하면서 아이의 성 지식이 어느 정도인지 먼저 알아보는 게 필요합니다. 아무 생각도 없는 아이에게 먼저 나서서 알려주는 꼴이 되면 안 되기 때문이죠. 우리 몸이나 성교육과 관련된 책을 먼저 권해주는 게 좋겠습니다.

이성 친구와 더 이상 만나고 싶지 않을 때

아이들이 사귀다가 헤어졌다고 합니다. "너희들은 어떻게 헤어져?"라고 물으니 그냥 카톡으로 "우리 헤어지자"라고 한대요. 그래도 자신의 의견을 잘 표현하는구나 싶기도 하고, 역시 쿨하다 싶기도 해요.

관계를 끝내고 싶을 때는 피하거나 무시하는 방식보다 예의 있고 솔직하게 말하는 것이 가장 좋습니다. 아이가 자신의 마음을 숨기지 않고 정리하는 법을 배우도록 도와주세요. "더 이상 사귀고 싶지 않으면 그 마음을 알려주는 게 좋아. 피하면 오해만 생겨"라는 식으로 간단히 말해주면 됩니다. 핵심은 아이가 불편한 관계를 억지로 이어가지 않고, 깔끔하게 정리하는 법을 배우는 것입니다. 상대가 서운해할 수도 있지만, 그건 아이가 책임질 일이 아니라는 점을 알려주세요.

어떻게 관계를 끝맺을지, 그 후에는 친구와 어떻게 지낼지 이야기를 나누는 것과 아닌 것은 차이가 나요. 마음이 여리거나 자기 의견 표현이 어려운 경우는 특히 자기 마음의 경계를 만드는 것이 중요하다는 것을 알려주세요. 그것도 연습이니까요.

"네 마음을 지키는 게 가장 중요한 일이야. 누군가와 친하게 지내는 것도 멋진 일이지만, 불편한 관계를 억지로 이어가는 건 옳지 않아. 네가 스스로 거리를 정하고, 그 결정을 지켜가는 건 아주 어이 말은 아이가 자신의 선택을 존중하고, 관계에서 건강한 거리를 유지하는 힘을 배우도록 돕습니다.

**고백을 받았는데
거절하고 싶을 때**

거절하는 방법도 미리 생각해볼 수 있어요. 이성 친구 문제는 부끄러워서 부모에게 솔직하게 말하지 못하는 경우가 많으니, 미리 아무렇지 않게 이런 이야기를 꺼내봐도 좋습니다. 편하게 이야기할 수 있는 분위기를 만들어주세요.

아이에게는 먼저, 고백을 받았을 때 느끼는 감정이 다양할 수 있다는 점을 알려주세요. 놀랄 수도 있고, 기분이 좋을 수도 있고, 부담스러울 수도 있어요. 어떤 감정이든 자연스러운 반응이라는 것을 강조해야 합니다. 중요한 것은 그 상황에서 자신의 마음을 솔직하게 표현하는 법을 배우는 것입니다. 상대의 마음을 존중하되, 내 마음을 억지로 바꾸거나 숨길 필요는 없다는 점을 알려주세요.

또한, 거절할 때는 무례하게 말할 필요가 없고, 오히려 예의 있게 말하는 것이 서로를 편하게 합니다. 예를 들어 “고마워, 그런데 나는 아직 그런 마음은 없어"처럼 간단하고 분명하게 말하는 것이 좋습니다. 이런 방식은 아이가 상대를 존중하면서도 자신의 마음을 지킬 수 있는 방법입니다.

거절한 후에는 괜히 더 어색하게 피하지 말고, 평소처럼 자연스럽게 지내도록 안내하세요. 억지로 친한 척할 필요도 없고, 너무 멀리할 필요도 없습니다. 적당한 거리를 두고 자연스럽게 친구로 남을 수 있다는 점을 알려주세요. 이렇게 하면 아이는 관계를 깔끔하게 정리하는 법을 배우게 됩니다.

마지막으로, 고백을 받는다는 것은 아이가 그만큼 소중하고 특별하게 보였다는 뜻이라는 점을 꼭 말해주세요. 거절한다고 해서 그 가치가 줄어드는 것은 아니며, 오히려 진심을 담아 솔직하게 말할 수 있다는 것이 멋진 용기라는 점을 강조하세요. 부모는 아이가 자신의 마음을 존중하고 지킬 수 있다는 것을 자랑스럽게 생각한다는 메시지를 전해주는 것이 좋습니다.

- 누군가를 좋아하는 마음은 아주 자연스러운 거야. 그건 네가 자라고 있다는 증거야.

- 좋아하는 마음을 표현할 때는 상대가 편안할 수 있도록 배려하는 게 중요해.

- 네 마음을 숨길 필요는 없지만, 상대가 불편해한다면 멈추는 게 맞아.

- 관계를 끝내고 싶을 때는 예의 있고 솔직하게 말하는 게 깔끔한 정리야.

- 고백을 받았을 때 어떤 느낌이든 자연스러운 거야. 네 마음을 존중하는 게 가장 중요해.

- 친구가 거절한다고 해서 네 가치가 줄어드는 건 아니야. 오히려 솔직함이 멋진 용기야.

- 친구에게 거절하고 싶은 네 마음을 솔직히 말한다고 해서 나쁜 게 아니야. 그건 진짜 배려야.

- 메시지를 보낼 때는 '꼭 지금 보내야 할까?'를 스스로 물어보면 좋아.

스마트폰과 채팅방에 연연해할 때

"아이가 휴대폰만 붙잡고 있어요. 계속 메시지를 보내면서 채팅을 하고 있어요. 그만 좀 하라고 스마트폰 압수할 거라고 협박하면서 사이만 멀어지고요. 이야기를 해보면 자기도 그만하고 싶은데 친구들이 계속 메시지를 보내고, 채팅방에서 자기 빼고 무슨 말을 할까 봐 불안하대요."

요즘은 미디어 교육이 필수입니다. 사진이나 동영상의 공유, 초상권 문제까지, 어떤 일이 어떻게 번질지 알 수 없는 세상이에요. 그만큼 디지털 세계에서의 경계와 책임을 반복적으로 알려주고 지도해야 합니다. 아이들은 '재미있어서', '친해서', '장난으로' 한 행동이 누군가에게 상처가 되거나 법적인 문제가 될 수 있다는 걸 잘 모릅니다.

초상권, 사진이나 영상의 공유에 대해

초등 시기에는 '공유'의 무게를 느끼지 못해, 사진이나 영상을 아무렇지 않게 올리거나 친구 얼굴이 나온 영상을 퍼뜨리는 경우가 많아요. "이거 진짜 재밌는 영상이야!" 하며 친구 사진을 올리거나 "나도 숏츠 만들어볼래" 하며 무심코 교실이나 친구 얼굴이 찍힌 영상을 공개하기도 합니다.

그런데 온라인에 한번 올라간 사진이나 영상은 완전히 지울 수 없습니다. '한번 올리면 평생 남는다'는 사실을 아이 눈높이에 맞게 반복해서 알려줘야 합니다.

"사진이나 영상은 한번 올리면 다시 지우기 어려워. 그러니 친구 영상을 올리기 전에 '이게 내 얼굴이라도 괜찮을까?' 생각해봐."

"친구 얼굴이나 이름이 들어간 건, 친구 허락 없이 올리면 안 돼."

"채팅방에서도 장난으로 한 말이 캡처돼서 퍼질 수 있어. 글을 쓰는 것도 책임이 따르는 일이야."

"인터넷에서는 '사람이 아닌 글과 이미지'로 보이지만, 그 뒤에는 항상 진짜 마음이 있다는 걸 잊지 마."

"첫째, 올려도 괜찮을까? 둘째, 다른 사람이 보면 기분이 어떨까? 셋째, 한 달 후에도 올린 걸 후회하지 않을까? 세 가지 질문을 습관처럼 생각해야 해."

"'얼굴, 이름, 학교명, 교복, 배경 등은 모두 개인 정보야. 함부로 올리거나 공유하지 않도록 해."

"친구 사진을 공유할 때는 꼭 친구의 동의를 받아야 해."

"채팅방은 비밀이 아니야. 캡처하면 영원히 남을 수 있어."

"디지털 세상에서는 너의 친절한 말, 배려 있는 댓글, 좋은 표현들이 네가 어떤 사람인지 보여주는 진짜 기록이야."

거절하지 못하고 채팅을 계속 이어갈 때

친구 관계는 채팅방 안에서도 이어집니다. 처음엔 반갑고 재미있지만, 너무 자주 메시지가 오가면 아이도 피곤할 수 있고, 부모가 보기에 과하다 싶기도 해요. 정말 재미있어서 채팅에 푹 빠지는 경우도 있지만 읽었는데 답장을 안 하면 친구에게 미안해서, 친구들 채팅에 답을 안 하면 혼자가 될까 봐 불안해서 답을 계속하는 경우도 있어요.

이럴 때 어떤 말을 해주느냐도 중요하지만 근본적으로 생각해볼 부분이 있습니다. 아이가 채팅에 빠지는 것은 '연결되고 싶은 마음', '소속감'을 원하고 있다는 의미예요. 가정에서 아이와 충분히 대화하고 함께 시간을 보내고 있는지 살펴보세요. 단순히 매일 해야 할 공부를 확인해주는 것에서 나아가 같이 보드게임도 하고, 산책도 하고, 아무것도 아닌 일에 웃는 일상을 보내고 있나요?

생각보다 그런 일상이 쉬운 일이 아니라는 걸 압니다. 일이 바쁘거나, 몸이 좋지 않거나, 기분이 좋지 않거나, 부부싸움을 했다거나… 일상을 망가뜨리는 일은 아주 많습니다. 갈등이 없을 수야 없겠지만 소소한 일도 함께하며 연결되어 있다는 느낌을 갖게 해주어야 친구 관계에서도 주도성을 가질 수 있습니다.

나는 그만 보내고 싶은데 어쩔 수 없이 끌려서 채팅에 계속 참여하게 되는 경우도 있어요. 특히 여자아이들 사이에서는 그런 일이 종종 있습니다. 기질적으로 마음이 여리면 친구에게 자기주장을 하기 힘들어하죠. 또 나에 대해 나쁜 말을 하거나, 무리에서 빠지게 될까 봐 불안해하기도 하고요. 그때 부모가 할 일은 '내가 힘들다고 느낄 때 멈춰도 된다'는 감정의 경계선과 끊고 절제하는 힘을 가르쳐주는 것입니다.

아이에게는 내 마음이 불편할 만큼 자주 메시지가 오간다면 그건 괜찮지 않다는 점을 알려주세요. 답장을 늦게 하거나 잠깐 대화를 멈춘다고 해서 나쁜 친구가 되는 건 아니라는 사실을 강조해야 합니다. 메시지에 바로바로 답하는 것이 '좋은 친구'의 기준이 아니며, 서로의 시간과 기분을 존중하는 것이 진짜 배려라는 점을 이해시켜주세요. 좋은 관계는 서로 편안해야 오래갑니다. 친한 사이여도 불편하면 말할 수 있어야 한다는 점을 가르쳐야 합니다.

또한, 아이가 실제로 친구에게 보낼 표현을 연습시켜주세요. 예를 들어 "오늘은 좀 피곤해서 지금은 대답하기 어려워", "조금 이따 이야기하자", "나 지금은 숙제 때문에 답을 못 해. 내일 학교에서 얘기하자"처럼 간단하고 부드러운 문장을 알려주세요. 이런 표현은 솔직하지만 상대를 배려하는 거절법입니다. 아이에게 "친구에게 네 마음을 솔직히 말한다고 해서 나쁜 게 아니야. 오히려 어디까지 괜찮은지 알려주는 게 진짜 배려야"라는 메시지를 꼭 전달하세요.

마지막으로, 메시지를 보낼 때는 습관적으로 스스로에게 물어보도록 지도하세요. '내가 꼭 지금 보내야 할까?' 꼭 필요한 내용이라면 바로 보내도 되지만, 그렇지 않다면 내일 만나서 직접 말하는 것이 더 자연스러울 수 있습니다. 친구가 답을 안 한다고 해서 불안해하거나 속상해할 때는, "답장을 안 했다고 해서 너를 싫어하는 건 아닐 거야. 친구도 자기 일하느라 바쁠 때가 있잖아. 내일 직접 만나서 시간을 보내봐"라고 알려주세요.

요즘은 스마트폰을 가진 아이들이 많아지면서 메시지를 얼마나 주고받느냐로 관계의 강도가 결정되기도 해요. 온라인이든 오프라인이든 서로 편한 적정한 거리를 찾아가는 것도 관계에서 중요한 것이라는 걸 가르쳐주세요.

사진·영상 공유와 초상권

- 사진이나 영상은 한 번 올리면 지우기 어려워. 올리기 전에 꼭 다시 생각해봐.

- 친구 얼굴이나 이름이 들어간 건 허락 없이 절대 올리면 안 돼.

- 얼굴, 이름, 학교명, 교복, 배경은 모두 개인 정보야. 함부로 올리면 안 돼.

- 친구 사진을 공유할 때는 꼭 친구의 동의를 받아야 해.

채팅방에서 지켜야 할 책임

- 채팅방에서 한 말도 캡처돼서 퍼질 수 있어. 말에는 책임이 따른다는 걸 기억해.

- 채팅방은 비밀이 아니야. 캡처하면 영원히 남을 수 있어.

- 인터넷에서는 글과 이미지 뒤에 항상 사람이 있다는 걸 잊지 마.

메시지와 관계의 균형

- 답장을 늦게 하거나 잠깐 대화를 멈춘다고 해서 나쁜 친구가 되는 건 아니야.

- 메시지에 바로바로 답하는 게 좋은 친구의 기준은 아니야. 서로의 시간과 기분을 존중
  하는 게 진짜 배려야.

- 친구에게 네 마음을 솔직히 말한다고 해서 나쁜 게 아니야. 어디까지 괜찮은지 알려주
  는 게 진짜 배려야.

- 채팅방에 참여를 안 한다고 너를 배제한다면 그 친구는 좋은 친구가 아니야.

스스로 점검하는 습관

- 메시지를 보낼 때는 '꼭 지금 보내야 할까?'를 스스로 물어봐. 내일 직접 말하는 게 더 자
  연스러울 때도 있어.

- 답장을 안 했다고 해서 너를 싫어하는 건 아니야. 친구도 바쁠 때가 있어.

학교는 낯설고 학부모가 처음인 당신을 위한

최소한의 학부모 문해력

초판 1쇄 인쇄 2026년 2월 2일
초판 1쇄 발행 2026년 2월 10일

글	이서윤
펴낸곳	메가스터디(주)
펴낸이	손은진
개발 책임	김문주
개발	김숙영, 서은영, 민고은
마케팅	김상민
제작	이성재, 장병미
디자인	네모점빵

주소 서울시 서초구 효령로 304(서초동) 국제전자센터 24층
대표전화 1661-5431　　**출판사 신고 번호** 제 2015-000159호
홈페이지 http://www.megastudybooks.com
출간 제안/원고투고 메가스터디북스 홈페이지 〈투고 문의〉에 등록

ISBN 979-11-297-1623-1 03590

메가스터디북스
메가스터디북스는 메가스터디㈜의 교육, 학습 전문 출판 브랜드입니다.
초중고 참고서는 물론, 어린이/청소년 교양서, 성인 학습서까지
다양한 도서를 출간하고 있습니다.